LES POURQUOI
ET
LES PARCE QUE
OU LA
PHYSIQUE POPULARISÉE

PAR

M. D. LÉVI ALVARÈS PÈRE

Chevalier de la Légion-d'Honneur, Membre de l'Académie de Bordeaux, de l'Académie d'Athènes, de la Société géographique de France, de la Société pour l'instruction élémentaire, Professeur de Littérature et d'Histoire, Fondateur des Cours d'Education Maternelle,

25e édition

Augmentée de Questions, avec des Modèles de comparaisons morales tirées de faits physiques

Et enrichie d'un grand nombre de figures.

Il y a deux manières de considérer les effets naturels : la première est de les voir tels qu'ils se présentent à nous, sans faire attention aux causes, ou plutôt, sans leur chercher de causes ; la seconde, c'est d'examiner les effets, dans la vue de les rapporter à des principes et à des causes. BUFFON.

Heureux qui peut connaître la raison des choses !

PARIS

CHEZ L'AUTEUR, RUE DE LILLE, N° 19

CHEZ LES PRINCIPAUX LIBRAIRES DE LA FRANCE

ET DE L'ÉTRANGER.

LA
PHYSIQUE POPULARISÉE
OU LES
POURQUOI ET LES PARCE QUE

OUVRAGES DE M. LÉVI ALVARÈS PÈRE

RUE DE LILLE, 17-19

HISTOIRE

Nouveaux éléments d'Histoire générale, rédigés sur un plan méthodique et entièrement neuf, ouvrage propre à faciliter l'enseiguement et l'étude des principaux évènements depuis la Création jusqu'à nos jours. 1 vol. . 4 50

Esquisses historiques, ou Cours méthodique d'histoire, composé sur un plan nouveau. 1 vol. in-18. . . . . 2 50

Manuel historique des peuples anciens et modernes, à l'usage de l'enseignement primaire, élémentaire et secondaire. 1 vol. in-18. 1 »

Tableau synoptique de l'échelle des peuples, d'une grande dimension, très-utile pour les leçons d'histoire d'après le MANUEL HISTORIQUE. 1 50

Recueil de tableaux HISTORIQUES, GRAMMATICAUX, GÉOGRAPHIQUES, MYTHOLOGIQUES; 17 tableaux (Chaque tableau 40 c.). . 5 »

Abrégé méthodique de l'histoire de France, rédigé d'après les leçons et la méthode de M. Lévi, par Melle Gombault; nouvelle édition, revue et considérablement augmentée, par M. Lévi 4 50

Histoire classique des reines de France, édition illustrée des figures en pied des principales reines. . . . . 3 »

Enigmes historiques, ou Petit Musée Classique 1 50

Histoire universelle, Explication des Enigmes historiques, par Melle Gombault. . . 3 50

Chroniqueurs français, Ville-Hardouin, Joinville, Froissart, Christine de Pisan. 3 50

Généalogies de France. 1 50

Chronologies européennes 1 50

Histoires racontées à la jeunesse, le vol 2 »

Nouvelles Ephémérides classiques. (Sous presse) Un gros vol.

GÉOGRAPHIE

Nouvel atlas complet de géographie ancienne et moderne, 23 cartes. . . . . 9 »

Questionnaire sur toutes les parties des études géographiques . . . . » 75

Etudes géographiques pour servir de développement aux géographies élémentaires. 1 vol. in-18. . . . . 3 50

La Géographie racontée à la Jeunesse. Un vol. in-18. . . . . 3 50

Tableau géographique de la France, fesant partie des ETUDES GÉOGRAPHIQUES. Une grande feuille . . . . » 75

Tour du monde, ou Premières études géographiques, par voyages 1 50

LITTÉRATURE

Esquisses littéraires, ou Précis méthodique des littératures européennes et orientales. 4 50

Littérature française. 1 50

Leçons primaires de littérature et de morale, in-12. . . . . 2 50

Nouvelle Mnémosyne classique. 1 vol in-18. . . . . 2 5

LANGUE FRANÇAISE

Le Nomenclateur orthographique, premiers exercices d'orthographe. . . . . 2 »

Les omnibus du langage, 9e édition, corrigée et augmentée. 1 vol. in-18 . . . . . . 2 »

Dictées normales des Examens. . 2 »

Questionnaire grammatical et littéraire. 2 50

Dictionnaire étymologique 2 50

Grammaire normale. 1 75

PHYSIQUE, HISTOIRE NATURELLE

Les Pourquoi et les Parce que, ou la Physique popularisée. 1 vol. in-18, avec fig. 2 50

Cosmographie racontée à l'enfance. » 75

Grands tableaux d'Histoire naturelle (3 tableaux, 6 grandes feuilles). Chacun. 5 »

Abrégé méthodique des sciences exactes et naturelles 2 50

OUVRAGES DIVERS

Atlas universel des sciences et des arts, par MM. Lévi Alvarès et Henri Duval. Cartonné et colorié. 50 cartes. . . . . 30 »
Chaque carte coloriée à part . . . . . » 60

Notions générales sur les Sciences et les Arts, pour servir de complément aux études secondaires et supérieures des jeunes personnes. 3 50

Anacharsis de Barthélemy, en un vol. 2 50

Les poètes italiens (Dante, Pétrarque, l'Arioste et le Tasse). 2 50

Questionnaire sur toutes les parties des études élémentaires . . . . 1 »

Modèles d'écriture, par Soref. . . . 1 »

La Mère institutrice, collection de dix-huit années, le vol. . . . . 10 »

Plaisir et Travail, Journal mensuel d'éducation, par an . . . . 10 »

Bulletin spécial de l'institutrice, Journal mensuel, par an . . . . 6 »

OUVRAGES DE M. THÉODORE LÉVI ALVARÈS

Le Nouveau mémorial littéraire expliqué, ou Recueil de fables, de fragments littéraires en vers et en prose, de poésies traitant les principaux Episodes de l'Histoire Sainte, accompagnés d'exercices intellectuels, de questions de sujets de style, d'explications. . 1 50

Les premières notions sur toutes choses, ou sujets de causeries avec les enfants sur l'histoire naturelle, l'industrie, la cosmographie, la physique. 1 50

Les Entretiens de l'enfance, ou simples réponses aux questions des petits enfants sur les animaux, les plantes, les arts et métiers. » 50

Les premières leçons de Grammaire renfermant la théorie grammaticale mise à la portée des enfants. . . . . 1 »

Les Dictées quotidiennes. . . . . 1 »

Premières leçons de Géographie. . » 50

Le Petit Musée mythologique. . . » 50

VERSAILLES. — IMPRIMERIE CERF, 59, RUE DU PLESSIS.

AVANT-PROPOS

POURQUOI?

POURQUOI? c'est le titre de notre ouvrage; ce sera celui de notre *Avant-propos*. Peut-être paraîtra-t-il bizarre; cependant ne trouve-t-on pas journellement ce mot dans la bouche du curieux et de l'observateur, dans celle de l'homme du monde et du philosophe, de l'ignorant et du savant? A peine l'enfant sent-il se développer sa jeune intelligence que, frappé du spectacle admirable des cieux et de la terre, il s'écrie POURQUOI? Le vieillard, sur le bord de la tombe, jetant encore un regard scrutateur sur cet univers dont il se sépare, hélas! pour toujours, semble ranimer ses forces pour répéter une dernière fois POURQUOI?

Heureux qui peut connaître la raison des choses!

Heureux qui sait ajouter aux POURQUOI qui lui sont adressés, ou qu'il s'adresse à lui-même, des PARCE QUE justes et clairs!

Aujourd'hui que l'instruction est un besoin, que l'étude est un devoir, il serait honteux de ne pouvoir se rendre compte des phénomènes les plus simples qui frappent journellement nos regards. D'ailleurs, ne trouve-t-on pas à la fois, dans l'étude de la nature, plaisir et profit? C'est là qu'on voit s'étendre l'horizon de son intelligence: l'esprit s'éclaire, l'âme devient plus religieuse, et par conséquent meilleure.

C'est pour seconder ce mouvement honorable du siècle, que nous avons composé ce petit ouvrage; nous n'avons pas eu la prétention d'écrire pour les savants; ce sont au contraire, leurs belles découvertes que nous avons mises à la portée de tous, en supprimant les hautes questions de physique, les termes trop scientifiques et les systèmes qui ne reposent pas sur des faits. Le champ des POURQUOI et des PARCE QUE est vaste comme le monde; il renferme toutes les sphères des connaissances humaines; mais, nous le répétons, c'eût été une témérité que de vouloir expliquer tous les phénomènes.

Notre curiosité, d'ailleurs, doit avoir des bornes; il est des mystères au-dessus de notre faible intelligence; loin de chercher, par de vains efforts, à les pénétrer, admirons et bénissons l'Être suprême jusque dans ses divins secrets, et disons avec le philosophe allemand Leibnitz :

« Il n'y a pas moyen de contenter ceux qui veulent savoir le *pourquoi* du *pourquoi.* »

Les premières éditions de ce petit ouvrage ont été tirées à *cinquante mille* exemplaires dans le format in-32, comme l'avaient été nos *Omnibus du Langage*, leurs rivaux en nombre et en succès. Ils ont eu les honneurs de la traduction en Angleterre, en Allemagne, en Russie, en Espagne même, et plusieurs écrivains dans ces mêmes pays, nous suivant dans la voie que nous avons, le premier, ouverte, ont consacré leur plume à la propagation et à la vulgarisation des éléments les plus simples des sciences physiques. Nous sommes heureux de les avoir devancés ; mais cette plaie honteuse de la librairie, qu'on appelle *contrefaçon*, les ayant reproduits, avec des erreurs toutefois, nous avons dû chercher à mériter des suffrages aussi populaires, en améliorant nos deux livres et par la forme et par le fond.

Nous avons même apporté dans la *typographie* un certain luxe qu'on ne rencontre pas ordinairement dans les livres classiques. Si nous ajoutons que cette petite *physique popularisée* a été enrichie de figures propres à faciliter les explications ; que nous l'avons fait mettre à la hauteur des découvertes actuelles par un professeur d'hydrographie, licencié ès-sciences, M. Paul Sasias, dont nous suivons le brillant avenir avec des yeux paternels, on sera convaincu du soin que nous avons donné à cette nouvelle édition.

Les *Pourquoi* et les *Parce que* répondent au caractère

de notre époque, à celui de *l'exploration des choses utiles et de leur propagation dans les masses.*

Les professeurs, les instituteurs, les pères et les mères de famille, qui suivent avec régularité notre plan d'éducation et d'instruction, connaissent tout le parti que l'on peut tirer de cet ouvrage. Un exercice qui nous appartient en propre, et qui a déjà eu des imitations heureuses, c'est la comparaison morale tirée des faits physiques. Ainsi, dans nos *cours supérieurs*, chaque *parce que* est comparé aux circonstances de la vie, aux évènements de l'histoire, etc. Cette application morale et intellectuelle aux agents de la nature forme le cœur, fortifie l'esprit, enrichit le style, et complète admirablement une éducation soignée ; car les connaissances que l'élève vient d'acquérir se prêtent, dans ce travail, un mutuel secours, puisque toutes apportent à la fois leur tribut. Nous avons donné quelques exemples de ces exercices ; ces applications morales sur des faits appartiennent à des élèves de nos *cours supérieurs*.

Nous désirons vivement que ce petit volume, tel qu'il est, obtienne l'approbation des amis de la jeunesse, et qu'il prouve combien nous cherchons à nous rendre digne de la faveur publique qui honore, depuis tant d'années, nos travaux et notre méthode.

INTRODUCTION

LES CORPS

La *Physique* a pour objet l'étude des phénomènes naturels et des causes qui les produisent. Elle s'occupe seulement des causes générales qui agissent sur les corps sans en changer la composition matérielle.

Ces causes générales sont appelées *agents physiques* ou *forces naturelles*.

Les agents physiques sont : l'attraction universelle, en vertu de laquelle tous les corps s'attirent réciproquement; la lumière, le calorique, l'électricité et le magnétisme.

La nature de ces agents physiques est inconnue; on admet généralement que ce sont des matières subtiles répandues dans l'univers, et dont les effets sont produits par des mouvements particuliers imprimés à leur masse. Comme ces matières n'ont pas, si elles existent, un poids appréciable aux balances les plus sensibles, on les désigne sous le nom général de fluides impondérables.

Tout ce qui peut produire sur nos organes un certain nombre de sensations déterminées, se nomme *corps*.

Les corps ne sont pas invariablement fixés aux parties de l'espace ; on dit qu'ils sont en *repos* ou en *mouvement*, selon qu'ils occupent constamment le même lieu ou successivement divers lieux de l'espace.

L'*inertie* est le défaut d'aptitude qu'ont les corps d'apporter, d'eux-mêmes, le plus petit changement à leur état, soit de repos, soit de mouvement; les causes qui déterminent quelques changements dans les corps se nomment *forces*.

Les corps se divisent en deux classes : les corps *simples* et les corps *composés*. Les derniers sont ceux desquels on peut extraire des matières douées chacune de propriétés différentes. On regarde comme *simples* ceux qui ne renferment que des parties de même nature. Ces derniers sont aussi connus sous le nom de *principes* ou d'*éléments*, parce qu'ils entrent dans la composition des autres; ils sont aujourd'hui au nombre de 62.

La faculté qu'a chaque corps d'exciter en nous des sensations diverses, constitue les propriétés particulières par lesquelles on en reconnaît la présence. Parmi ces propriétés, il en est qui appartiennent à tous les corps, et qu'on nomme *générales;* telles sont l'*étendue*, l'*impénétrabilité*, la *divisibilité*, la *porosité*, l'*élasticité*, la *dilatabilité*, la *mobilité* et l'*inertie*.

L'*étendue* est la propriété dont jouit tout corps d'occuper une certaine partie de l'espace ou un volume.

L'*impénétrabilité* est cette propriété de la matière qui s'oppose à ce que tout corps puisse pénétrer dans le lieu qu'elle occupe; ces deux premières propriétés ont été appelées *propriétés essentielles*.

La *divisibilité*, propriété dont jouissent tous les corps de pouvoir être subdivisés en partie très-petites. On peut donner plusieurs exemples de la divisibilité : ainsi un physicien anglais a fait des fils de platine d'une telle ténuité, qu'il en faudrait plus de cent quarante pour former un faisceau de la grosseur d'un fil de soie d'un seul brin. On sait aussi aujourd'hui que le sang n'est pas un liquide uniforme, mais que sa substance se compose d'une foule de petits globules, flottant dans un liquide particulier, qu'on appelle *sérum*. On a calculé qu'il y a plus d'un million de ces globules dans une goutte de sang suspendue à la pointe d'une aiguille. Enfin, il y a des animaux aussi petits que les globules dont on vient de parler, et qui sont doués de tous les organes nécessaires à leur existence.

La *porosité*, propriété dont jouissent les corps d'être composés de parties non contiguës, laissant entre elles des intervalles plus ou moins apparents qu'on appelle *pores*. Comme exemple sensible à la vue, nous citerons l'éponge.

Les filtres en pierre, en feutre, etc., employés dans l'économie domestique, sont une application de la porosité. Les interstices qui existent entre les molécules de ces substances, sont assez grands pour laisser passer les liquides, mais trop petits pour donner passage aux matières tenues en suspension dans ces liquides.

L'*élasticité*, propriété par laquelle un corps, qui avait changé de volume par une compression momentanée, reprend son volume primitif aussitôt que la force comprimante cesse d'agir; toutefois, cette propriété a une limite fixe pour chaque corps, car la force comprimante peut être assez considérable pour faire perdre à tout jamais la forme primitive.

La *dilatabilité*, propriété par laquelle les corps augmentent ou diminuent de volume, par un accroissement ou une diminution de chaleur. Cette propriété est une conséquence et une preuve de la porosité.

La *mobilité*, et l'*inertie* que nous avons expliquées au commencement.

Les corps se présentent à nous sous trois états : ils sont *solides*, comme l'or, le fer; *liquides*, comme l'eau, le mercure, l'huile; ou *gazeux*, comme l'air, la vapeur; un même corps peut passer par ces trois états; ainsi l'eau est liquide, la glace est solide, la vapeur est gazeuse. Certains corps font exception, cela tient à ce que l'on ne possède pas des moyens caloriques et frigorifiques assez énergiques, ou que l'action de la chaleur altère leur nature, les décompose facilement. C'est pour cette dernière raison que plusieurs substances organiques ne changent pas d'état.

LES POURQUOI

ET

LES PARCE QUE

CHAPITRE PREMIER

L'AIR

OBSERVATIONS GÉNÉRALES

Sur l'Air.

L'air est un fluide composé, subtil, dilatable, transparent, pondérable, élastique.

Composé, car l'analyse y découvre plusieurs substances : l'*oxygène*, l'*azote*, l'*acide carbonique*, l'*eau* et l'*hydrogène proto-carboné*.

L'*oxygène* userait trop vite nos poumons, serait trop respirable : l'*azote* suffoquerait tout être animé qui le respirerait pur ; ces deux substances entrent toujours dans la même proportion, savoir : 21 kilog. pour cent d'oxygène, 79 kilog. pour cent d'azote, et sont appelées, pour cela, *éléments constants*. Les trois autres sont appelées *éléments variables*, parce que leur proportion change avec la température et les localités ; l'acide carbonique et l'hydrogène proto-carboné entrent pour 5 dix-millièmes en volume. La détermination de la quantité de vapeur d'eau constitue une partie de la physique qu'on nomme hygrométrie.

Subtil, car il pénètre dans les plus petits interstices ou pores de la matière. Les animaux en sont remplis, les minéraux même en contiennent une certaine quantité.

Dilatable ou *raréfiable*, car il est susceptible de s'étendre et d'occuper un espace bien plus considérable que celui qu'il avait d'abord.

Transparent, parce qu'il n'intercepte pas les rayons lumineux ; la couche d'air qui sépare deux corps ne les empêche point d'être visibles l'un pour l'autre.

Pondérable, car on a reconnu, par la balance, que 10 litres d'air pèsent 13 grammes.

Élastiques, car il peut être resserré, comprimé, et il reprend son premier état dès que la cause effective cesse.

On donne le nom d'*atmosphère* à la couche d'air qui enveloppe constamment le globe terrestre. La hauteur de l'atmosphère est d'environ 64 kilomètres ; au-delà est un air extrêmement raréfié, puis enfin le vide absolu.

Du Baromètre.

L'air étant pesant, il en résulte que l'atmosphère exerce, à la surface du globe, une pression considérable, connue sous le nom de *pression atmosphérique.*

Les instruments destinés à mesurer la pression atmosphérique se nomment *baromètres.*

Le premier et le plus simple baromètre, fut inventé en 1643, par Toricelli, disciple de Galilée.

Le baromètre est un instrument composé d'un tube ou d'un cylindre creux, en verre, d'environ un mètre (trois pieds), fermé à l'une des deux extrémités, et plongé par l'autre bout dans une cuvette pleine de mercure. Il est nécessaire que le tube soit totalement *vide*, c'est-à-dire qu'il ne contienne pas même de l'air, afin que rien ne puisse s'opposer au mouvement ascendant du liquide dans l'intérieur du cylindre. Pour y parvenir on l'emplit de mercure, que l'on fait bouillir afin d'en chasser l'humidité; on ferme ensuite le bout ouvert avec le doigt, et on le plonge dans la cuvette; c'est alors qu'on débouche l'orifice inférieur. Le liquide descend dans le tube jusqu'à ce qu'il ne soit plus élevé que d'environ 0 m. 76 (28 pouces), au-dessus du niveau de la cuvette : car l'air extérieur, en opérant une pression sur le mercure de la cuvette le tient suspendu à cette hauteur, et le sollicite à monter ou le laisse descendre à mesure que la colonne atmosphérique augmente ou diminue la pression. On a marqué, sur une planche qui supporte le tube, différents points de division qui indiquent les degrés d'élévation ou d'abaissement du mercure, et, par conséquent, les augmentations ou les diminutions de cette pression.

Outre le baromètre dont on vient de donner la description, et qu'on nomme *baromètre à cuvette*, on distingue les *baromètres à siphon,* qui ne diffèrent des premiers qu'en ce que le tube dont ils sont formés, est recourbé, en sa partie inférieure, en forme de siphon.

Parmi les baromètres à siphon, il y en un qui réunit tous les avantages, c'est celui de Gay-Lussac. Il est tellement bien conditionné, que, en moins d'une minute, on peut faire une observation.

Les baromètres à cadran servent à indiquer les changements de temps qui coïncident ordinairement avec les variations de la pression atmosphérique.

POURQUOI

Pourquoi *l'eau ne monte-t-elle qu'à 10^{m}60 (32 pieds) dans les pompes aspirantes, quoiqu'on fasse agir le piston beaucoup plus haut?*

Parce qu'une colonne d'eau de 10^{m}60 (32 pieds) pèse autant qu'une colonne d'air atmosphérique de même diamètre, et comme le liquide n'entre dans le corps de la pompe que par l'effet de la pression de l'air extérieur, il en résulte que, quand l'eau est arrivée à une hauteur de 10^{m}60 (32 pieds), rien ne la sollicitant plus à monter, elle reste en équilibre. Le mercure, étant 13 fois 1/2 plus pesant que l'eau, ne s'élèverait qu'à 0^{m}76 (28 pouces).

Pourquoi, *avant Galilée, attribuait-on l'ascension des liquides dans les corps de pompe à l'horreur de la nature pour le vide?*

Parce que Galilée est le premier qui ait reconnu l'existence de la pression atmosphérique.

Pourquoi *le baromètre baisse-t-il quand on monte sur une montagne ?*

Parce que, à mesure qu'on s'élève, soit sur les montagnes, soit dans les aérostats ou ballons, l'air, étant déchargé du poids des couches inférieures, presse moins sur la cuvette de l'instrument, et le mercure descend.

Pourquoi *si l'on plonge dans un vase plein d'eau un tube de verre ouvert par les deux bouts, et qu'on aspire l'air qui est dans le tube, voit-on l'eau monter dans ce dernier ?*

Parce que le tube se trouvant parfaitement vide, l'eau du vase, pressée par l'air extérieur qui pèse dessus, cherche à s'échapper par où elle trouve le moins de résistance, et monte, en conséquence, dans le tube qui ne lui en offre aucune. L'eau pourrait s'élever à 10m60 (32 pieds), et au-delà cesserait de monter.

Pourquoi *a-t-on de la peine à élever le piston d'un corps de pompe qui est bouché par le bas ?*

Parce qu'on soulève, lorsqu'on tire le piston, le poids d'une colonne d'air, ayant pour base la surface du piston, et pour hauteur l'atmosphère ; ce poids considérable (un peu plus de 1 kilog. par centimètre carré de la surface du piston) n'est plus contrebalancé par celui de l'air qui entrerait si l'orifice inférieur était ouvert.

Pourquoi *avec un baromètre peut-on calculer la hauteur des montagnes ?*

Parce que la dépression de la colonne mercurielle augmente à mesure qu'on s'élève. Si la densité de l'air était la même à toutes les hauteurs, une dépression de 1 millimètre, dans le mercure, correspondrait à une élévation de 10^m463, ce qui donnerait une hauteur de 40 kilomètres pour l'atmosphère ; mais la densité de l'air décroissant à mesure qu'on s'élève, la hauteur est plus grande (probablement 77 kilomètres) et la mesure des hauteurs par le baromètre est un problème très-compliqué.

Pourquoi *les molécules de l'atmosphère, en vertu de leur force expansive, ne se répandent-elles pas indéfiniment dans l'espace?*

Parce que la force expansive de l'air décroît par l'effet même de la dilatation ; elle est, de plus, diminuée par la basse température des hautes régions de l'atmosphère, de sorte qu'il vient un moment où l'équilibre s'établit entre l'action de cette force et la pesanteur qui agit en sens contraire : d'où l'on conclut que l'atmosphère est limitée.

Pourquoi *les hommes et les animaux renfermés en grand nombre dans un lieu étroit, peuvent-ils s'asphyxier?*

Parce que les hommes et les animaux exhalent de leur poitrine, pendant l'acte de la respiration, un air malfaisant composé d'*acide carbonique* et d'*azote*, gaz qui ne pouvant entretenir la vie, tue aussitôt. Afin d'éviter un malheur ou des indispositions dangereuses, il faut ouvrir les croisées; alors l'oxygène de l'air pénètre dans les poumons, et se met en contact avec le sang pour le vivifier.

Pourquoi *le voisinage des végétaux est-il utile à la santé?*

Parce que le gaz *acide carbonique*, formé par la respiration des animaux, et remplaçant l'oxygène de l'air, est absorbé par les parties vertes des plantes ; ces parties vertes le décomposent, gardent le carbone, qui s'incorpore avec la substance de la plante, et rejettent ensuite l'oxygène dans l'atmosphère; il en résulte que, ce qui serait pour nous un poison, sert précisément d'aliment à la plante, et que celle-ci purifie l'air, d'une part, en lui enlevant le principe malfaisant que notre respiration y avait jeté, de l'autre, en lui restituant le principe vivifiant (oxygène) que notre respiration avait altéré. Aussi l'habitation des campagnes et le voisinage des jardins sont-ils préférables au séjour des villes, où les hommes entassés empoisonnent l'atmosphère, sans avoir près d'eux des végétaux pour leur servir de contre-poison.

Pourquoi *le baromètre baisse-t-il quand le temps devient humide ?*

Parce que la vapeur est plus légère que l'air pur, et que, s'introduisant dans la colonne d'air dont le poids tenait suspendu le mercure du baromètre, ce liquide, pressé moins fortement, descend de quelques millimètres.

Pourquoi *fait-on usage du mercure dans la construction du baromètre ?*

Parce que c'est le plus dense des liquides, et que, par conséquent, c'est lui qui exige la plus petite hauteur du tube barométrique. De plus, le mercure a l'avantage de se volatiliser très-faiblement et de ne pas mouiller le verre.

Pourquoi *faut-il que l'espace qui se trouve au-dessus de la colonne de mercure dans le tube barométrique, soit complétement purgé d'air et d'humidité?*

Parce que l'air et l'humidité, contenus dans la chambre barométrique, péseraient sur la colonne de mercure et la déprimeraient ; le baromètre donnerait alors des indications tout à fait fausses.

Pourquoi *place-t-on un thermomètre près du tube barométrique ?*

Parce que, pour avoir des indications précises, il faut trouver la hauteur de la colonne de mercure telle qu'elle serait à une température invariable comme celle de la glace fondante. En effet, les variations de température changeant la densité du mercure, font varier la hauteur de la colonne mercurielle, indépendamment de la pression atmosphérique.

Pourquoi *dans l'air, une balle de plomb tombe-t-elle plus vite qu'une balle de liége de même dimension, ce retard n'ayant pas lieu dans le vide?*

Parce qu'on ne doit pas attribuer à une différence d'action dans la pesanteur, mais bien à la résistance du milieu dans lequel se fait le mouvement, l'inégalité de vitesse dans la chute de ces deux corps.

Pour vérifier que l'action de la pesanteur imprime la même vitesse à tous les corps, on prend un tube de verre, de huit ou dix pieds de long, fermé par un bout, et portant à l'autre un robinet; on y fait passer du plomb, du papier, des barbes de plume, etc. On fait le vide aussi bien que possible, au moyen de la machine pneumatique, après avoir fermé le

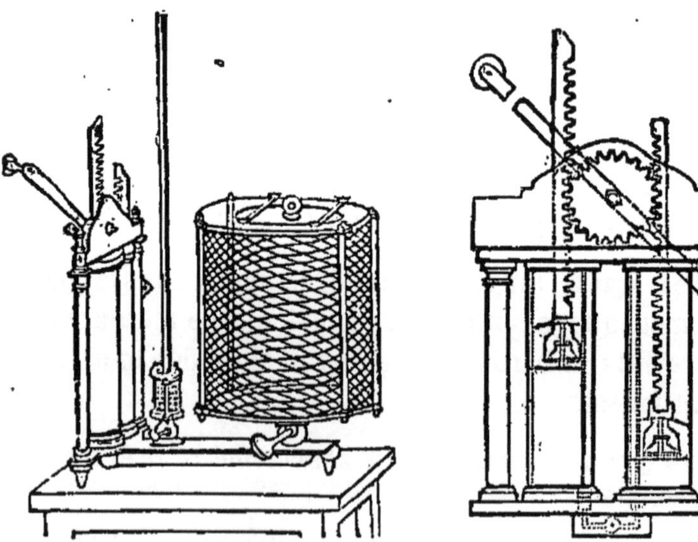

Machine pneumatique.

Corps de pompe de la machine pneumatique.

robinet, et si l'on retourne promptement le tube, on voit tous les corps en frapper le fond au même instant.

Pourquoi *les horloges doivent-elles marcher plus vite aux pôles qu'à l'équateur ?*

Parce que les oscillations du pendule, régulateur du mouvement des horloges, sont d'autant plus rapides que l'intensité de la pesanteur est plus grande; or, l'aplatissement de la terre et l'anéantissement de la force centrifuge aux pôles, font que l'intensité de la pesanteur y est sensiblement plus grande qu'à l'équateur.

Pourquoi *le mouvement des astres est-il uniforme et constant ?*

Parce que les astres, se mouvant dans le vide, ne rencontrent aucune résistance qui arrête ou modifie le mouvement dont ils sont animés.

Pourquoi, *lorsqu'on descend d'une voiture en marche, faut-il pour ne pas tomber, imprimer à son corps un mouvement en sens contraire de celui de la voiture ?*

Parce que notre corps, en vertu de l'inertie, participe au mouvement de la voiture, et qu'il faut, pour annuler cette force, une résistance dirigée en sens contraire.

Pourquoi *une locomotive, traînant un convoi, ne peut-elle pas s'arrêter brusquement ?*

Parce que les wagons, en vertu de leur vitesse acquise, continueraient leur marche et se briseraient les uns contre les autres.

Pourquoi *les corps enflammés s'éteignent-ils dans le vide ?*

Parce que l'air, qui soutient la combustion par l'oxygène qu'il renferme, leur manque.

Pourquoi *les animaux meurent-ils dans le vide?*

Parce qu'ils sont privés de l'air indispensable à la vie. Chez les animaux supérieurs comme les mammifères et les oiseaux, la mort est beaucoup plus prompte que chez les animaux inférieurs.

Pourquoi *les substances fermentiscibles se conservent-elles dans le vide sans altération?*

Parce qu'elles ne sont plus en contact avec l'air dont l'oxygène est nécessaire à la fermentation.

Pourquoi *l'eau bouillante n'est-elle pas également chaude dans tous les lieux de la terre?*

Parce que, quand on observe l'ébullition d'un liquide, on voit des bulles de vapeur se former sur les parois échauffées du vase, s'élever par leur légèreté, et venir crever à la surface pour se répandre dans l'atmosphère ; la condition de l'ébullition est donc : que la température soit assez élevée pour que la force élastique de la vapeur puisse vaincre la pression de l'air ; or, cette pression changeant avec la hauteur des lieux au-dessus du niveau de l'Océan, la température de l'ébullition doit changer. C'est pour cette raison qu'à Quito l'eau bout à 90° et à la température ordinaire dans un vase dont on aurait ôté l'air avec la machine pneumatique.

Pourquoi, *plongeant un tube ouvert par ses deux bouts dans un vase contenant de l'eau, et fermant ensuite l'ouverture supérieure, le liquide s'élève-t-il dans le tube à mesure qu'on soulève le tube, sans cependant le faire sortir du vase?*

Parce que, à mesure qu'on soulève le tube, on augmente le volume de l'air intérieur, et par conséquent sa force élastique diminue. Elle était égale à la pression atmosphérique, quand le niveau du liquide était le même dans le vase que dans le tube : elle devient donc de plus en plus petite ; le liquide s'élève alors dans l'intérieur du tube de telle sorte que la pression de la colonne soulevée, plus l'élasticité du gaz intérieur, reste toujours la même sur le niveau horizontal du vase.

Pourquoi, *plongeant un tube étroit ouvert par ses deux bouts dans un vase plein d'eau, et fermant ensuite l'ouverture supérieure, le liquide ne s'écoule-t-il pas, si on vient à retirer le tube ?*

Parce que, au moment où l'autre extrémité du tube est au niveau de la cuvette, la pression de l'air intérieur, plus la pression de la colonne soulevée, est égale à la pression atmosphérique agissant sur le niveau de la cuvette : quand on retire le tube, la pression atmosphérique agissant également dans tous les sens, presse de bas en haut le liquide contenu dans le tube ; ce dernier est donc soumis à deux forces inégales ; l'élasticité du gaz intérieur et l'élasticité de l'atmosphère, et elles agissent en sens contraire; la première étant plus petite que la seconde, le liquide est soutenu. Si l'on vient à ouvrir la partie supérieure du tube, le liquide est soumis alors à deux forces égales et contraires, *la pression atmosphérique*, et tombe par son propre poids.

Pourquoi *les charlatans font-ils sortir d'un même vase de l'eau ou du vin à volonté ?*

Parce qu'ils se servent d'un *entonnoir magique.* Il est formé de deux entonnoirs placés l'un dans l'autre, et laissant entre eux un certain intervalle. L'anse est munie de deux ouvertures, que le charlatan tient alternativement ouvertes ou fermées, selon qu'il veut produire l'écoulement de l'un ou de l'autre liquide. La raison à trouver est la même que celle de la question précédente.

Pourquoi, *si l'on remplit d'eau un verre que l'on*

couvre ensuite d'un morceau de papier qui en touche parfaitement les bords, et qu'en soutenant le papier avec la main, on renverse le verre dans une situation perpendiculaire; pourquoi, dis-je, lorsqu'on ôte la main, le papier reste-t-il appliqué au verre, de manière à empêcher l'eau d'en sortir?

Parce que l'eau contenue dans le vase ne peut descendre et s'échapper qu'en refoulant une colonne d'air; cette colonne ne peut refluer latéralement, parce qu'elle est soutenue de tous côtés par l'atmosphère même, dont le poids serait capable de porter une masse d'eau de 10^{m}60 (32 pieds) de hauteur. Ainsi la résistance de la colonne, étayée par les colonnes voisines, est plus que suffisante pour empêcher l'eau de tomber. Le morceau de papier ne sert qu'à prévenir la division des deux fluides (l'air et l'eau), qui auraient peine à se contenir à cause de la grande différence de leur densité.

Pourquoi *le feu se conserve-t-il sous la cendre?*

Parce que l'air pouvant passer en petite quantité à travers les cendres, donne au feu son oxygène, et l'entretient de manière qu'il faudrait très-longtemps pour le consumer en entier.

Pourquoi *les vapeurs se forment-elles lentement dans l'air?*

Parce que l'air oppose à la vapeur un obstacle mécanique en la forçant de passer à travers les interstices qu'il laisse entre ses parties; c'est par la même raison que l'eau descendra moins rapidement de la partie supérieure d'un bassin à la partie inférieure, si elle doit traverser une couche de sable. Si l'on voulait accélérer la formation de la vapeur, il faudrait mettre le liquide dans un courant d'air qui enleverait la vapeur à mesure qu'elle se formerait, ou à côté du liquide des matières avides d'eau qui absorberaient cette vapeur.

Pourquoi *emploie-t-on l'air pour conserver la chaleur dans une enceinte?*

Parce qu'il est un mauvais conducteur du calorique, surtout quand il est sec.

Pourquoi *souffle-t-on sur ses doigts pour les échauffer et sur les aliments pour les refroidir?*

Parce que lorsqu'on souffle sur ses doigts, la bouche est très-ouverte, l'air qui en sort a la température de l'intérieur du corps, c'est-à-dire 37 degrés, température supérieure à celle des doigts. Quand on souffle sur les aliments, la bouche ne présente plus qu'une très petite ouverture, l'air qui est dans la bouche éprouve une expansion, une augmentation de volume qui est la cause de la diminution de chaleur, le courant d'air prend de la chaleur aux aliments et les refroidit.

Pourquoi, *dans les mines de houille, les ouvriers trouvent-il souvent la mort sans qu'il y ait éboulement des terres?*

Parce que, dans l'intérieur de ces mines, il se dégage du gaz hydrogène carboné; ce gaz se mêle à l'air. Lorsqu'ils sont en proportion convenable, ces deux gaz détonnent par l'approche d'une bougie, et ainsi ils causent souvent la mort des mineurs. On remédie à ces inconvénients par la lampe de Davy, dite *Lampe des mineurs.*

Pourquoi *dans certaines grottes les quadrupèdes de petite taille meurent-ils, tandis que l'homme ne ressent aucun malaise?*

Parce que, par les fissures du sol de ces grottes, il s'échappe une grande quantité d'acide carbonique; ce gaz, en vertu de sa densité, ne s'élève qu'à une faible hauteur, de sorte que les animaux de petite taille, se trouvant plongés tout entiers dans l'acide carbonique, meurent ; les hommes, en restant debout, n'éprouvent aucun mal, puisque leurs organes respiratoires sont placés dans l'air au-dessus de la couche d'acide carbonique. La plus célèbre de ses grottes est la *Grotte du Chien* près de Naples.

Pourquoi *les poissons peuvent-ils exécuter leurs mouvements de* va et vient ?

Parce que, outre leurs nageoires, ils sont doués d'un organe particulier qui est la vessie natatoire, et qui se trouve placée de manière à alléger les parties supérieures. Alors, le centre de gravité du corps étant plus bas que le centre de pression, la condition de stabilité se trouve remplie, et le poisson est en équilibre.

Pourquoi *les poissons peuvent-ils exécuter des mouvements de haut en bas et de bas en haut ?*

Parce qu'il suffit qu'ils puissent resserrer leur vessie natatoire ou la gonfler à volonté. Dans le premier cas, leur poids restant le même et leur volume devenant moindre, ils sont plus denses que l'eau, et ils tombent ; dans le second cas, leur volume augmentant, ils sont moins denses que le liquide dans lequel ils se trouvent, et ils montent comme du liége dans l'eau.

Pourquoi *lorsqu'on renverse un verre vide et qu'on le plonge ainsi dans l'eau, éprouve-t-on une certaine résistance ?*

Parce que l'air qui se trouve renfermé dans le verre oppose une résistance due à la compression qu'il éprouve.

Pourquoi *l'air sèche-t-il le linge et les autres corps mouillés sur lesquels il peut agir librement ?*

Parce que l'air, semblable à une éponge, s'imbibe des particules aqueuses qui remplissent ces corps ; mais il est nécessaire, pour que cet effet ait lieu, que l'air soit plus sec que les objets humides.

Pourquoi *dans les grandes chaleurs, et surtout dans un temps d'orage, sommes-nous lourds, fatigués, mal à notre aise ?*

Parce que l'air, dilaté par la chaleur, ou chargé d'humidité, ne pèse plus sur nous avec assez de force pour tenir en équilibre celui qui se trouve renfermé dans notre corps ; et cet air intérieur se dilatant, occasionne la gêne que nous ressentons dans cette circonstance.

Pourquoi *les bouteilles de verre aplaties et couvertes en osier, dont se servent les voyageurs, se brisent-elles quelquefois pendant qu'on boit ?*

Parce qu'en buvant on aspire l'air intérieur qui résistait à la pression de l'atmosphère : on fait le vide ; alors l'air extérieur pesant librement sur les deux faces aplaties, produit une charge qu'elles ne peuvent soutenir, et la bouteille éclate.

Pourquoi *la respiration qui est facile dans une plaine, devient-elle pénible vers le sommet des hautes montagnes ?*

Parce que l'air se comprimant lui-même par son propre poids, celui de la plaine est plus dense, et alimente mieux la respiration que l'air des régions élevées. D'ailleurs la colonne atmosphérique ayant moins de hauteur sur une montagne que dans une plaine, la pression qui s'exerce sur notre corps diminue à mesure que nous montons ; l'air intérieur se dilate, et si nous nous élevons à de trop grandes hauteurs, il fait sortir le sang à travers les pores de notre peau.

Pourquoi, *si l'on applique, l'un contre l'autre, deux*

hémisphères creux, qui se joignent hermétiquement, et qu'on en pompe l'air intérieur, les deux parties tiennent-elles si fortement ensemble, que la force d'un homme ne suffirait pas pour les séparer ?

Parce que l'air extérieur presse de tous côtés sur les hémisphères, et qu'il n'y a plus intérieurement d'air qui puisse contrebalancer cette pression extérieure. En supposant à chaque hémisphère un diamètre de 16 centimètres (6 pouces), une colonne de l'atmosphère opérant une pression d'environ 5 kilogrammes ou 10 livres sur un espace circulaire d'un pouce de diamètre, la force nécessaire pour séparer les deux calottes équivaudrait à un poids de 200 kilogrammes ou 400 livres.

Cette expérience est connue sous le nom d'*hémisphères de Magdebourg*.

Pourquoi *les ballons s'élèvent-ils dans l'air ?*

Parce que le poids du ballon, du gaz et de ce qu'il porte est plus petit que le poids d'un égal volume d'air qu'il déplace; le ballon s'élève en vertu de la différence de ces deux forces, et, à mesure qu'il monte, le poids du volume d'air déplacé devenant de plus en plus petit, le poids du ballon n'ayant pas changé, ces deux forces sont égales, le ballon reste stationnaire; on jette alors du lest pour alléger le ballon.

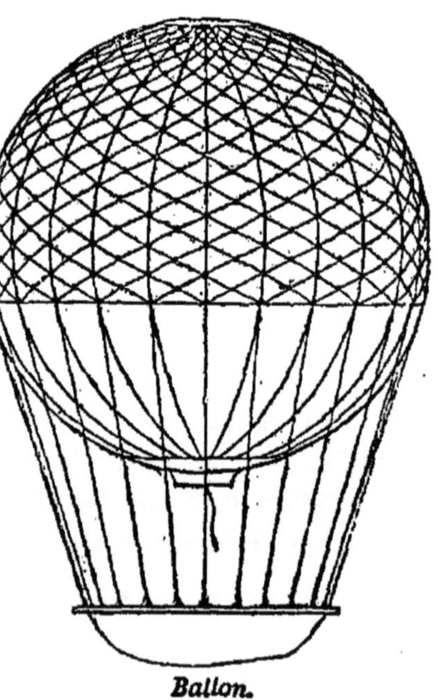

Ballon.

Pourquoi *emploie-t-on dans les aérostats l'hydrogène au lieu de l'air chaud ?*

Parce que, pour que l'air restât chaud, il fallait entretenir au-dessous du ballon un feu qui pouvait occasionner un incendie, inconvénient qui n'existe plus avec l'hydrogène ; de plus, ce gaz étant beaucoup moins dense que l'air chaud, les *aérostats* ou ballons à hydrogène ont une force ascensionnelle beaucoup plus grande que les *montgolfières* ou ballons à air chaud.

Pourquoi *le parachûte ne tombe-t-il que lentement ?*

Parce que la résistance de l'air qui tend à retarder sa chute, s'oppose à la pesanteur qui tend à l'accélérer.

Pourquoi *les ouvriers peuvent-ils travailler dans le fond de l'eau?*

Parce qu'ils sont placés dans un espace appelé *cloche à plongeur* où se trouve renfermée une quantité d'air suffisante pour leur respiration. Cet air est introduit dans l'appareil à l'aide

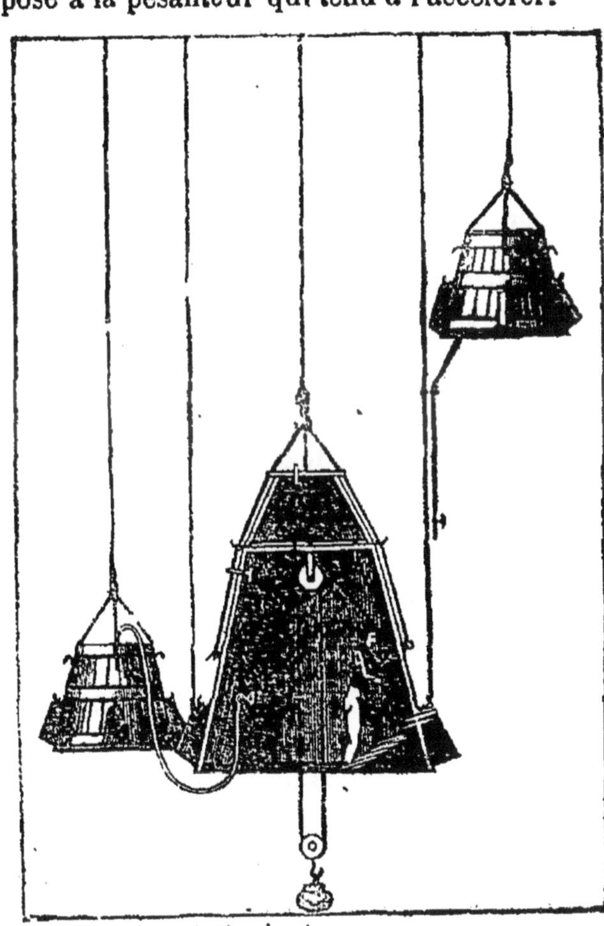

Cloche à plongeur.

de la *machine de compression* qui le puise dans l'atmosphère.

Pourquoi *une vessie, dans laquelle on renferme un peu d'air, s'enfle-t-elle dans le vide, c'est-à-dire dans un vase dont on pompe l'air ?*

Parce que la pression extérieure diminue à mesure que l'on pompe l'air et l'élasticité du gaz intérieur ne change pas, c'est comme si la première étant fixe, la seconde augmentait, et, par conséquent, pressant les parois de la vessie, la fait augmenter de volume.

Pourquoi *une bouteille de verre, mince et pleine d'air, qu'on a bien bouchée, crève-t-elle dans le vide ?*

Parce que rien ne fait plus équilibre au ressort de l'air qu'elle contient, et qui fait un effort continuel pour se déployer.

Pourquoi *un œuf percé d'un petit trou à sa partie inférieure, et placé dans un gobelet, se vide-t-il quand on raréfie l'air qui l'environne ?*

Parce qu'un œuf contient de l'air qui surnage sur le liquide à cause de sa légèreté ; cet air s'étend à mesure que la pression extérieure diminue, et chasse la matière de l'œuf, qui sort par le petit trou qu'on a pratiqué.

Pourquoi *unc vieille pomme se déride-t-elle dans le vide ?*

Parce que l'air et les autres gaz que renferme la pomme se dilatent, augmentent de volume, et donnent à celle-ci une apparence de fraîcheur factice.

Pourqroi *les châtaignes et les marrons crèvent-ils avec éclat, quand on n'a pas la précaution de les fendre avant de les mettre sous la cendre chaude ?*

Parce que l'air renfermé sous l'écorce, se dilatant par la chaleur, presse de plus en plus contre elle et finit par la briser avec force. Le même effet n'a point lieu quand on a ouvert le marron, parce que l'air en se dilatant, trouve une issue par où il s'échappe librement.

Pourquoi *quand on entonne du vin dans une bouteille, la liqueur jaillit-elle quelquefois sans que la bouteille s'emplisse ?*

Parce que l'entonnoir s'applique justement au goulot de la bouteille, et ne laisse aucun passage à l'air intérieur, qui, se trouvant chassé par le liquide dont le poids excède celui de l'air, est forcé de sortir par l'orifice de l'entonnoir, et repousse ainsi la liqueur.

Pourquoi, *lorsqu'on fait du feu, la fumée tend-elle à monter?*

Parce que la fumée, étant plus légère que l'air froid qui l'environne, en sortant de la cheminée, s'élève dans l'atmosphère.

Pourquoi *certaines cheminées fument-elles?*

Parce que les portes de la chambre sont alors fermées hermétiquement ou que, le conduit de la cheminée se trouvant trop élevé, l'air inférieur se renouvelle difficilement pour remplacer celui que l'action du feu raréfie : ainsi cet air raréfié se rejette avec la fumée dans l'appartement, où il trouve moins de résistance que dans le corps de la cheminée; mais cet inconvénient cesse lorsqu'on entr'ouvre une porte : alors l'air extérieur, ayant un passage facile, repousse celui de la chambre et contraint la fumée à s'échapper par la cheminée.

Pourquoi *les poissons périssent-ils lorsque leur vivier est couvert d'une croûte de glace?*

Parce que l'air nécessaire à leur respiration, et par conséquent à leur existence, ne peut plus parvenir jusqu'à eux. Il est donc important de faire à différents endroits des ouvertures dans la glace.

Pourquoi *ne doit-on pas suspendre les noyés la tête en bas ?*

Parce que c'est moins l'eau qu'ils ont bue qui les a asphyxiés que le défaut de circulation de l'air ; si donc on les dresse sur la tête, c'est le moyen de les étouffer, en produisant un amas de sang vers le cerveau. Il faut, pour les rappeler à la vie, essayer de rétablir la circulation du sang par une chaleur modérée, par des frictions, par l'emploi de liqueurs spiritueuses, ou leur souffler, avec la bouche, de l'air dans les narines et dans les poumons, et surtout les tenir couchés sur le côté droit.

Pourquoi, *dans une cave remplie de vin en fermentation, une chandelle ne peut-elle pas rester allumée ?*

Parce que l'acide carbonique et les autres gaz qui s'échappent du vin dans cette circonstance, et qui remplacent l'air atmosphérique, ne sont pas de nature à entretenir ni le feu ni la vie ; car un homme qui placerait le nez à la bonde d'un tonneau de vin en fermentation, pour en respirer les exhalaisons, tomberait raide mort, comme frappé de la foudre. On en a beaucoup d'exemples.

Pourquoi *le feu est-il si vif et si ardent pendant les grands froids ?*

Parce qu'un volume d'air froid renferme plus de gaz qu'un même volume d'air chaud, et par conséquent plus d'oxygène, ou aliment du feu.

Pourquoi *un brasier ardent s'éteint-il bientôt, quand on l'expose aux rayons d'un soleil d'été?*

Parce que l'air, dilaté et raréfié par l'action du soleil, ne procure pas au feu un aliment qui puisse l'entretenir.

Pourquoi *a-t-on de la peine à allumer du feu sur les montagnes?*

Parce que l'air, raréfié par la diminution de la pression atmosphérique, ne fournit pas assez d'oxigène au feu.

Pourquoi *étouffe-t-on de suite un feu de cheminée en bouchant soigneusement l'une et l'autre ouverture?*

Parce qu'il ne suffit pas, pour entretenir le feu que les matières enflammées soient entourées d'air, il faut encore que cet air soit libre et qu'il ait une certaine pureté. Or, quand un conduit est hermétiquement clos, l'air n'y est pas libre : il ne peut s'y renouveler, et, dès que les parties combustibles, de celui qui s'y trouve renfermé, sont usées, le feu s'éteint.

Pourquoi *éteint-on les feux de cheminée en jetant du soufre en fleur sur le brasier?*

Parce que le soufre en brûlant produit un gaz appelé *acide sulfureux*, qui n'entretient pas la combustion.

Pourquoi *le souffle de la bouche ou le vent un peu fort éteint-il une chandelle?*

Parce qu'il renouvelle sans cesse l'air qui entoure la flamme et enlève, par conséquent, la chaleur aux matières qui brûlent.

Pourquoi *active-t-on la combustion en soufflant sur un charbon?*

Parce que, dans le même temps, on fait presser plus d'air et, par conséquent, plus d'oxygène.

Pourquoi *met-on un rideau aux cheminées ?*

Parce que, ce rideau, fermant en grande partie l'ouverture du foyer, force tout l'air qui entre dans la cheminée à passer directement sur le feu, ce qui active la combustion.

Pourquoi *s'échappe-t-il, d'un morceau de bois enflammé, des étincelles de feu qui éclatent souvent avec un grand bruit ?*

Parce que l'air, dilaté par la chaleur dans les pores du bois, sort avec impétuosité, et entraîne des parcelles de charbon qui s'opposent à son passage.

Pourquoi *l'eau mise sur le feu, dans un vase, bouillonne-t-elle avant d'être chaude ?*

Parce que l'eau, comme toutes les autres matières, renferme de l'air, dont les molécules, dilatées par la chaleur, augmentent de volume et soulèvent avec effort ce qui s'oppose à leur extension et à leur ascension.

Pourquoi *tous les nuages ne s'élèvent-ils pas à la même hauteur dans les nuées ?*

Parce qu'ils ne sont pas tous également denses.

Pourquoi *les nuages produisent-ils de la pluie ?*

Parce que les molécules d'eau qui les composent, venant à se réunir, forment des gouttes trop pesantes pour que l'air puisse les soutenir ; alors elles tombent sur la terre, entraînées par leur propre poids.

Pourquoi *la pluie tombe-t-elle par gouttelettes ?*

Parce que l'air divise l'eau qui tombe des nuages. Sans la présence de l'air, le liquide tomberait en une seule masse.

Pourquoi *les trombes ont-elles une forme cylindri-*

que ou plutôt conique, c'est-à-dire semblable à celle d'un pain de sucre renversé ?

Parce que c'est une nuée épaisse qui, étant poussée par deux vents opposés, et forcée d'obéir à deux mouvements contraires, tourne sur elle-même et prend ainsi la forme d'un cylindre. Les trombes jettent autour d'elles beaucoup de pluie ou de grêle, et font entendre un bruit semblable à celui d'une mer fortement agitée ; elles renversent les arbres, les maisons, partout où elles passent, et, lorsqu'elles s'abattent sur un vaiseau, elles ne manquent pas de le submerger. Aussi les marins s'en éloignent-ils le plus qu'ils peuvent, et, quand il leur est impossible de le faire, ils tâchent de les rompre à coups de canon.

Pourquoi *portons-nous, sans nous en apercevoir, le poids de l'atmosphère, qu'on évalue à 18 mille kilog.,* (36 *mille livres) sur la surface de notre corps ?*

Parce que ce poids presse également notre corps en tous sens ; d'ailleurs l'air que nous contenons intérieurement fait l'équilibre avec la masse qui pèse sur nous extérieurement.

Pourquoi *le vent ne souffle-t-il pas toujours avec la même force ?*

Parce que le vent provient d'un dérangement dans la masse de l'air, et que ce dérangement est soumis à différentes causes : 1° la dilatation et la condensation subite de l'air par l'influence du soleil et par l'absence de la chaleur ; 2° le mouvement de la terre, qui tourne chaque jour sur elle-même d'occident en orient, etc. Or, quand ces différentes causes se réunissent, l'agitation de l'air est nécessairement plus violente. On doit aussi tenir compte des obstacles que le vent rencontre dans sa course : les montagnes, les forêts, les nuages, les édifices, contribuent aux variations qu'il éprouve.

Pourquoi, *dans les beaux jours d'été, le soleil levant est-il accompagné d'un vent frais et léger?*

Parce que la chaleur du soleil, raréfiant l'air, le force d'occuper un plus grand espace, et de chasser l'air voisin, qui s'écoule ensuite vers les endroits où il trouve le moins d'obstacle.

Pourquoi, *dans nos climats, les vents d'orient sont-ils ordinairement secs?*

Parce qu'ils traversent beaucoup de terres, peu de mers, et qu'ils ne peuvent conséquemment se charger de vapeurs humides.

Pourquoi *le vent du midi est-il chaud et humide?*

Parce que ce vent, qui vient d'Afrique ou des contrées où la chaleur est continuelle, pousse devant lui des vapeurs chaudes, il passe ensuite sur la mer Méditerranée, où il se charge de vapeurs humides, qui se convertissent en pluie lorsqu'elles sont saisies par le froid de nos climats.

Pourquoi *le vent du nord est-il froid et souvent pluvieux?*

Parce que ce vent nous vient des régions polaires, où sont des montagnes de glaces éternelles qui répandent un froid excessif. Ce vent d'ailleurs, traverse différentes mers dont les vapeurs forment des nuages qu'il amène avec lui.

Pourquoi *le vent d'ouest, qui traverse l'Océan, ne donne-t-il pas toujours de la pluie?*

Parce que le vent, partant de l'ouest, ou de tout autre point où il peut se charger de vapeurs, souffle quelquefois dans une direction telle, qu'il entraîne et dissipe ces vapeurs avant qu'elles ne soient parvenues à une région de l'atmosphère assez élevée pour qu'elles puissent s'y condenser par le froid, et se réduire en goutte de pluie.

Pourquoi *le vent fait-il tourner les moulins à vent ?*

Parce que les quatre ailes du moulin sont comme autant de leviers, et qu'elles présentent leur plan obliquement à la direction du vent. La puissance qui agit sans cesse sur ces quatre plans inclinés les force à reculer; et c'est en prenant ce mouvement qu'il tourne sans s'arrêter.

Pourquoi *certaines plantes naissent-elles sur le sommet d'une tour, sur le tronc d'un arbre, sur le haut des murailles, etc. ?*

Parce que le vent y élève, avec de la poussière, les semences de ces plantes, que la pluie fait ensuite germer.

Pourquoi *le vent élève-t-il les cerfs-volants ?*

Parce que la corde qui les retient est attachée de manière qu'ils présentent obliquement leur plan à la direction du vent ; étant donc soumis à l'impulsion de l'air, ils montent en décrivant un arc de cercle, qui a pour rayon la ficelle que tient celui qui les gouverne.

Pourquoi *sent-on mieux les fleurs d'un jardin le soir lorsque l'air se rafraîchit, que dans le fort de la chaleur du jour ?*

Parce que cette fraîcheur, qui condense l'air aux approches de la nuit, en rapprochant ses parties, resserre aussi davantage les exhalaisons dont il est chargé, et, quand on le respire en cet état, il porte avec lui sur l'organe un plus grand nombre des parties odorantes qui s'exhalent continuellement des fleurs.

Pourquoi *l'air qui se dégage d'une liqueur en augmente-t-il le volume, jusqu'à ce qu'il soit entièrement sorti?*

Parce que les globules insensibles qui étaient logés dans les pores, se réunissant plusieurs ensemble, forment des masses plus grandes qui occupent de nouvelles places dans la liqueur.

Pourquoi *est-on incommodé lorqu'on boit trop de liqueurs spiritueuses et fermentées, comme le vin, la bière?*

Parce que toutes les matières, en générale, ainsi que tous les aliments crus, portent avec elles une très grande quantité d'air, qui, ensuite, se dilate avec effort dans l'estomac.

Pourquoi *l'air atmosphérique peut-il être employé comme force motrice, par exemple dans les chemins de fer?*

Parce que l'air atmosphérique exerce une pression considérable sur les corps qu'il entoure. Supposons un tube large, dans lequel peut se mouvoir un piston ou cylindre de même diamètre que la partie interne du tube; le piston divise le tube en deux parties, l'une fermée hermétiquement, et l'autre ouverte à l'air libre. On fait le vide dans la partie fermée, et l'air, arrivant par l'autre extrémité, chasse le piston vers le vide. C'est là le principe des chemins de fer dits *atmosphériques*. Le tube large est établi dans toute la longueur du chemin au milieu de la voie, et le piston porte une tige à laquelle on accroche un convoi de wagons. Ce système est d'une exécution très difficile, car il faut que le compartiment antérieur du tube soit fermé hermétiquement, puisqu'on y fait le vide; et cependant, il faut que ce tube ait une ouverture longitudinale par où s'élève la tige conductrice fixée au piston; il y a plusieurs procédés de fermeture, mais qu'il est inutile de donner ici. Un chemin de fer atmosphérique est déjà établi en Angleterre, et on en a construit un en France, entre Nanterre et le plateau de Saint-Germain.

CHAPITRE II

LE SON

OBSERVATIONS GÉNÉRALES

Sur l'Acoustique.

L'acoustique est cette partie de la physique qui s'occupe des sons. Elle diffère de la musique, en ce que celle-ci prend le son tout formé pour en examiner les impressions sur nos organes, tandis que l'acoustique prend le son à sa naissance, en étudie le mode de formation et de propagation.

L'air est le véhicule du son, c'est-à-dire que l'air conduit le son, le propage d'une couche à une autre, jusqu'au tympan de l'oreille. Veut-on s'assurer que le son ne se propage pas dans le vide, il suffira de placer une boîte à musique sur le récipient de la machine pneumatique, d'y faire le vide, de faire jouer l'instrument, et l'on n'entendra pas le moindre son.

Le son, qui est le résultat de mouvements vibratoires dans les corps, se propage mieux dans les solides que dans les liquides, mieux dans ceux-ci que dans les gaz.

Il parcourt dans l'air 340 mètres par seconde ; dans l'eau sa vitesse est quatre fois plus grande ; dans les corps solides, elle peut être jusqu'à douze et quinze fois plus grande. On a trouvé aussi que, dans le bois, la vitesse du son est de dix à seize fois plus grande que dans l'air. — Dans les métaux, cette vitesse est plus variable, et égale de quatre à seize fois celle qui a lieu dans l'air.

Réflexion du son. — Tant que les ondes sonores ne sont pas gênées dans leur développement, elles se propagent sous forme de sphères *concentriques;* mais, lorsqu'elles rencontrent un *obstacle*, elles suivent la loi générale des corps élastiques, elles reviennent sur elles-mêmes, en formant de nouvelles *ondes concentriques*, qui semblent émaner d'un second centre situé de l'autre côté de l'obstacle : ce qu'on exprime en disant que les ondes sont *réfléchies*.

Oreille.

Il y a deux parties distinctes dans l'oreille :

1° *La partie interne*, qui est la plus essentielle;

2° *La partie externe*, dont beaucoup d'animaux sont privés, et dont l'*ouïe*, pour cela, n'est pas moins fine, ce qui prouve que le *pavillon* de l'oreille, ou la partie externe de cet organe, n'est pas aussi indispensable que l'appareil interne. Une membrane tendue, nommée *tympan*, plusieurs *osselets* d'une forme toute particulière, et qui, en raison de leurs figures, ont reçu les noms de *colimaçon* ou *labyrinthe*, de *marteau*, d'*enclume*, d'*étrier*, se retrouvent chez tous les animaux qui jouissent du sens de l'*ouïe*.

L'*oreille interne* communique toujours avec l'air extérieur par une ouverture plus ou moins évasée. Les appendices externes sont destinés, chez certains animaux, à recueillir les sons les plus faibles ou les plus éloignés, en les dirigeant de manière à ce qu'ils puissent recevoir les rayons sonores qui se perdraient dans l'espace.

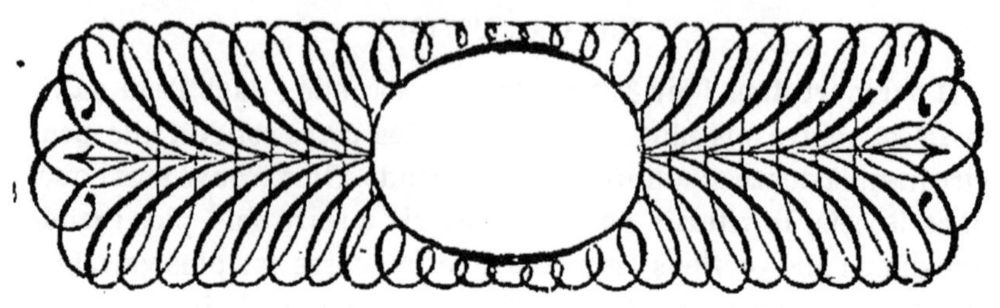

POURQUOI

Pourquoi, *lorsqu'on entend le bruit des cloches à une grande distance, peut-on présumer le mauvais temps?*

Parce que l'air chargé de vapeurs aqueuses conduit mieux le son que l'air sec.

Pourquoi, *lorsqu'on frappe l'extrémité d'une poutre avec une épingle, une personne, placée à l'autre bout, entend-elle distinctement le bruit du choc, tandis qu'elle l'entendrait à peine dans le sens de l'épaisseur?*

Parce que, les parties étant parfaitement contiguës dans le sens de la longueur, le moindre choc produit un déplacement qui se communique de proche en proche aux molécules de la poutre, et qui frappe l'oreille de celui qui est placé à l'autre extrémité.

Pourquoi, *dans une salle dont la voûte est elliptique, c'est-à-dire de forme ovale, deux personnes placées à* *deux angles opposés peuvent-elles faire une conversation sans que les spectateurs entendent un mot de ce qu'elles disent ?*

Parce que les rayons sonores qui partent de l'extrémité vont se réfléchir sur la voûte, et les rayons réfléchis d'après la forme elliptique de cette voûte, vont tous courir à l'autre extrémité.

Il existe, au rez-de-chaussée du Conservatoire des Arts et Métiers de Paris, une salle carrée, à voûte cintrée, qui présente ce phénomène d'une manière remarquable, lorsqu'on se place à deux angles opposés.

Pourquoi, *dans certains lieux, le bruit, les sons de la voix, se répètent-ils deux et même plusieurs fois ?*

Parce que l'air, comme tous les corps élastiques, se réfléchit quand il rencontre quelque obstacle à son passage. Cette réflexion se nomme *résonnance* ou *écho*. Si l'air réfléchi rencontre de nouveaux obstacles, les réflexions pourront se multiplier. On cite l'écho de Woodstock, en Angleterre, qui répète 17 fois le même son.

Comme on prononce ordinairement 10 syllabes par seconde, si l'on parle à haute voix devant un *réflecteur* distant de 17 mètres, on ne peut distinguer que la dernière syllabe réfléchie. L'écho est donc *monosyllabique*. Si le *réflecteur* est distant de deux fois, trois fois 17 mètres, l'écho sera *bisyllabique*, *trisyllabique*, et ainsi de suite.

Pourquoi *le son est-il beaucoup plus intense dans une salle nue que dans une salle où se trouvent des tentures ?*

Parce que, dans une salle nue, il y a *résonnance*, c'est-à-dire que l'intensité du son réfléchi par les murailles s'ajoute à celle du son émis et l'augmente beaucoup ; au contraire, les tentures qui réfléchissent mal le son empêchent la résonnance.

Pourquoi *n'entendons-nous qu'une fois le même son, quoique nous ayons deux oreilles?*

Parce que le son frappe des parties qui ont un point de réunion commun dans le cerveau. Nous n'éprouvons donc qu'une impression, mais elle est plus forte que celle que nous éprouverions avec une seule oreille.

Pourquoi, *dans une cloche remplie d'air, un timbre se fait-il entendre?*

Parce que les vibrations du timbre, quand il sonne, se communiquent à l'air ambiant, puis à la cloche elle-même, à l'air extérieur, et enfin, à l'oreille de la personne qui écoute.

Pourquoi, *sur les hautes montagnes, faut-il parler avec effort pour se faire entendre?*

Parce que l'intensité du son est d'autant plus faible que l'air dans lequel il se produit est plus raréfié.

Pourquoi *les plongeurs entendent-ils ce qu'on dit sur le rivage?*

Parce que le son se propage dans l'eau où sa vitesse est quatre fois plus grande que dans l'air.

Pourquoi *fait-on les cloches d'un métal composé d'étain et de cuivre rouge?*

Parce que tout métal composé est plus dur, plus plus élastique que les métaux simples qui entrent dans le mélange; et comme les corps sonores le sont d'autant plus que leurs parties ont plus de ressort, on allie la matière des cloches et des timbres pour en tirer du son. La plupart des sonnettes, cependant, ne sont que de cuivre; mais c'est un cuivre mauvais que les ouvriers appellent *potin.* Comme cette matière est froide et cassante, elle est plus sonore que ne le serait un cuivre neuf et plus doux qu'on nomme *rosette.* Les sonnettes d'argent pour les cabinets ne peuvent avoir qu'un assez mauvais son, si le métal est sans alliage, ou si l'on n'y supplée en le forgeant à froid, ce qui lui donne plus de ressort.

Pourquoi, *quand on écoute un bruit éloigné, ouvre-t-on la bouche involontairement?*

Parce que l'oreille interne communique avec l'intérieur de la bouche, ce qui augmente les chances de l'*audition* en permettant aux rayons sonores de venir frapper sur le tympan en traversant la bouche. Car, ouvrant la bouche, on produit un mouvement musculaire qui détend la chaîne des *osselets* et permet aux membranes de vibrer plus facilement.

On remarque que, lorsqu'un son est trop aigu, on fronce le sourcil, indice d'un mouvement nerveux destiné à tendre la chaîne des osselets.

Pourquoi *quelques personnes se servent-elles de* cornets *pour mieux entendre?*

Parce qu'elles forcent les rayons sonores à pénétrer dans la conque métallique qu'elles leur présentent et à se répercuter sur le tympan.

Pourquoi, *lorsqu'un bûcheron coupe du bois dans une forêt, n'entend-on le bruit de la hache qu'après qu'il l'a relevée pour porter un nouveau coup?*

Parce que la lumière se propage dans l'air incomparablement plus vite que le son. C'est par la même raison que l'on voit un feu d'artifice de loin avant d'entendre le bruit qu'il produit, et qu'on n'entend le bruit de la foudre que quelque temps après l'apparition de l'éclair.

Pourquoi, *étant placée à une certaine distance, peut-on entendre l'harmonie d'un concert?*

Parce que les sons, graves ou aigus, se propagent de la même manière et avec la même vitesse, et qu'alors il n'y a pas de raison pour que les uns arrivent plus tôt que les autres.

Pourquoi *voit-on des contrevents matelassés?*

Parce que les crins dont ils sont composés n'entrant que très difficilement en vibration, ne peuvent communiquer à l'appartement le bruit qui se fait au dehors.

Pourquoi *le bruit du canon produit-il sur l'oreille une sensation désagréable?*

Parce que les vibrations de l'air, produites par l'explosion de la poudre, se communiquent au tympan avec une rapidité et une force telles, que le nerf acoustique, vibrant à l'unisson, se trouve péniblement affecté.

Pourquoi, *si l'on pince une corde de harpe, celle-ci rend-elle un son?*

Parce qu'en abandonnant la corde, elle exécute des mouvements vibratoires; ceux-ci engendrent le son, et l'air, par des vibrations concentriques, le conduit à l'oreille.

On nomme *cordes* des corps *filiformes* élastiques par extension.

On distingue dans les cordes deux sortes de vibrations, les unes *transversales*, ou dans une direction perpendiculaire aux cordes; les autres *longitudinales*, ou dans le sens de la longueur. On excite les premières avec un *archet* comme sur le violon, ou en pinçant les cordes comme on le fait sur la harpe et la guitare. Quant aux vibrations longitudinales, on les fait naître en frottant les cordes, dans le sens de leur longueur, avec un morceau d'étoffe saupoudré de colophane. La corde aussi rend un son.

On remarquera que le son est d'autant plus aigu que la corde est plus mince et plus tendue, parce qu'alors elle exécute plus de vibrations dans une seconde.

Pourquoi *emploie-t-on des caisses sonores dans les instruments à cordes?*

Parce que ces caisses et l'air qu'elles contiennent vibrent à l'unisson avec les cordes, et augmentent ainsi l'intensité du son.

Pourquoi *fait-on cesser subitement le son d'une cloche ou de tout autre objet sonore, en y appliquant la main?*

Parce qu'on interrompt les vibrations de l'instrument, dont le frémissement produit le son, en agitant l'air, suivant des lois déterminées.

Pourquoi, *lorsqu'on parle très-haut près d'un instrument à cordes, l'instrument rend-il un son?*

Parce que les vibrations imprimées à l'air par la voix se communiquent aux cordes de l'instrument, ce qui produit un son.

Pourquoi *une cloche fendue ne peut-elle pas continuer ses vibrations et donner un son agréable?*

Parce que la solution de continuité forme deux parties qui se heurtent réciproquement lorsque la cloche frémit, et qui font l'une sur l'autre l'effet d'un corps étranger qui toucherait l'instrument.

Pourquoi *certaines personnes cassent-elles un verre par le son de leur voix, en présentant l'ouverture du verre devant leur bouche?*

Parce qu'elles prennent l'unisson du verre et forcent

leur voix ; alors les vibrations deviennent si fortes, que les parties du verre se séparent.

Pourquoi *les chiens en fuyant ont-ils les oreilles dirigées en arrière ?*

Parce qu'alors ils veulent entendre ce qui se passe derrière eux. Leurs oreilles, faisant l'office de cornet acoustique, rassemblent un plus grand nombre de vibrations; de cette manière ils peuvent, sans se retourner, savoir si on les poursuit.

Par une raison analogue, quand un animal se précipite sur une proie, il a les oreilles dirigées en avant.

Pourquoi *peut-on couper du verre dans l'eau avec des ciseaux ?*

Parce que la masse de l'eau, au milieu de laquelle le verre est plongé, arrête les vibrations que produisent les chocs successifs des ciseaux.

Pourquoi *l'eau se met-elle en mouvement dans un verre sur les bords duquel on passe un archet ?*

Parce que les vibrations que l'archet fait naître dans le verre se communiquent au liquide, et qu'elles peuvent devenir assez rapides pour donner lieu au mouvement des globules liquides.

Pourquoi *se sert-on d'un* diapason *pour régler les instruments de musique ?*

(Le diapason est un petit instrument à l'aide duquel on reproduit à volonté une note invariable. Il consiste en une verge d'acier recourbée sur elle-même en forme de pincettes. Le diapason est le *régulateur* du son.)

Parce que les deux lames, étant ainsi écartées de leur position d'équilibre, y reviennent en vibrant et produisent un son constant pour chaque *diapason*. On renforce le son de cet appareil en le fixant sur une caisse en bois blanc, ouverte à l'une de ses extrémités.

Pourquoi *une pièce d'argent, placée sur le bout du doigt et frappée avec une autre, produit-elle un son aigu, agréable à l'oreille? Cela n'a pas lieu si on la presse entre les doigts ou si elle est fendue.*

Parce que, dans le premier cas, les vibrations se communiquent rapidement dans toute la pièce, elles ne sont nullement gênées dans leur mouvement oscillatoire, et de là vient la pureté du son entendu. Au contraire, presse-t-on la pièce de monnaie entre les doigts, non-seulement les vibrations sont retardées, mais encore, devant se communiquer aux doigts et, de proche en proche, aux parties voisines, on conçoit aisément qu'alors le son soit lent et sourd.

Pourquoi *peut-on entendre des coups de canon tirés à une distance de plusieurs lieues, en mettant l'oreille contre terre, tandis qu'on ne les entend pas dans l'air?*

Parce que la terre conduit mieux le son que l'air atmosphérique. Dans les solides, les vibrations se communiquent de molécule à molécule, sans s'atténuer, tandis que dans l'air, le son se propage par des ondes qui, grandissant toujours, perdent de plus en plus de leur intensité.

Pourquoi *se sert-on du porte-voix pour se faire entendre à de grandes distances?*

Parce que dans le porte voix, qui est un cône métallique vers le sommet duquel est une embouchure, et à l'autre extrémité une partie plus évasée, appelée pavillon, les rayons sonores émis se réfléchissent tous sur la paroi interne et vont converger vers une direction fixe et augmentent ainsi l'intensité du son.

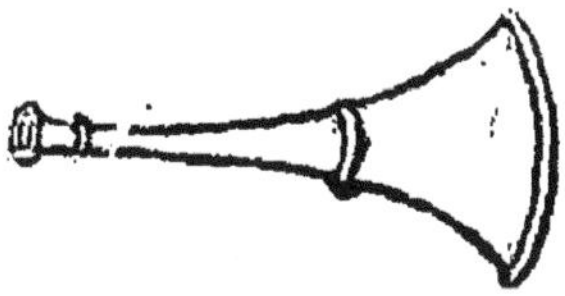

Pourquoi, *lorsqu'on vient à souffler dans un flageolet ou dans un sifflet, y a-t-il production de son?*

Parce que l'air insufflé par la bouche, en se dirigeant sur une ouverture dont les bords sont taillés en biseau, se brise, entre ainsi en vibration et produit le son.

Pourquoi, *lancée avec force sur une table, une boulette de pain rebondit-elle?*

Parce que c'est un effet de son élasticité : en la lançant, elle s'aplatit plus ou moins, selon qu'on lui imprime plus ou moins de vitesse. Après cette compression, les molécules dont elle se compose, tendant à reprendre leur arrangement primitif, le tout rebondit à une hauteur d'autant plus grande qu'elle est plus élastique, et que le choc a été plus fort. De là il suit que l'élasticité résultant d'un dérangement de molécules, tous les corps de la nature ne doivent pas la posséder au même degré ; parmi eux l'air et les gaz occupent le premier rang, et les solides le dernier. Le plus élastique des solides est la *gomme* dite *élastique*. C'est pour tempérer les effets de son élasticité, que l'on a soin de recouvrir d'une couche de laine les balles que l'on fait avec cette substance.

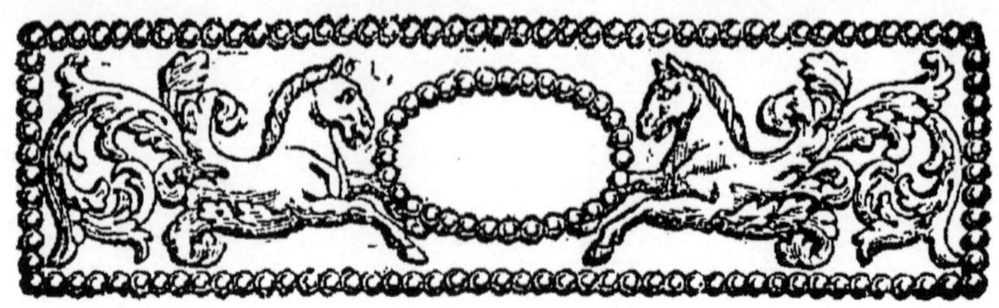

CHAPITRE III

L'EAU

OBSERVATIONS GÉNÉRALES

Sur l'Eau.

L'eau est un liquide incolore, inodore, insipide, très-peu compressible.

La connaissance de la composition chimique de l'eau est due à Lavoisier.

L'eau n'est pas un élément : c'est une combinaison d'oxygène et d'hydrogène, dans le rapport de 1 volume du premier et 2 volumes du second, ou de 8 d'oxygène et 1 d'hydrogène en poids.

On démontre ce fait à l'aide de l'*analyse* et de la *synthèse*. Que l'on fasse passer de l'eau en vapeur à travers un tube de porcelaine contenant des fils de fer chauffés au rouge, et que l'on recueille les produits de sa décomposition, on obtiendra une quantité d'hydrogène libre et d'oxyde de fer résultant de la combinaison du fer avec l'oxygène de l'eau; le poids de cet hydrogène libre et celui de l'oxygène combiné avec le fer, donne bien pour 9 kilogrammes d'eau, 8 kilogrammes d'oxygène et 1 kilogramme d'hydrogène.

Si l'on fait arriver des étincelles électriques dans un ballon rempli d'oxygène et d'hydrogène, dans la proportion de 1 volume du premier sur 2 du second, de l'*eau sera formée*, et il n'y aura aucun résidu.

L'eau distillée, prise à son maximum de densité, c'est-à-dire à 4° au-dessus de zéro, est le terme de comparaison de la pesanteur spécifique, ou densité des corps *solides* et *liquides*. On rapporte la densité des *gaz* à celle de l'air atmosphérique.

L'eau pure conduit le fluide électrique. La présence des matières acides ou salines augmente cette propriété. Elle réfracte beaucoup la lumière.

Soumise à l'action du calorique, elle s'échauffe, entre en ébullition à 100° sous la pression d'une atmosphère (0m, 76,) passe à l'*état de vapeur*, en occupant un espace 1698 *fois* plus considérable. C'est alors qu'elle devient un moteur puissant dans les machines à vapeur.

Si on enlève à l'eau du calorique, elle se refroidira ou diminuera de volume ; mais, à partir de 4°, elle augmente de volume, passe bientôt de l'*état liquide* à l'*état solide*, en affectant des formes régulières et en cristallisant.

L'eau, en passant à cet état, acquiert un volume plus considérable et une force expansive très grande. Un physicien, nommé *Muschembroeck* a évalué à 27720 livres la force nécessaire pour opérer la rupture d'une *sphère en cuivre*, dans laquelle on avait renfermé de l'*eau* que l'on avait soumise à un abaissement de température assez considérable pour la congeler. C'est sous l'influence de la même force que *M. Biot* a opéré la rupture d'un canon de fusil dont la paroi avait un doigt d'épaisseur.

L'eau dissout un très grand nombre de corps ; elle les dissout mieux à chaud qu'à froid, excepté quelques-uns, comme la chaux, la magnésie. Plusieurs liquides se mélangent avec l'eau. L'eau absorbe différentes matières gazeuses. Ces solutions sont employées dans les expériences de la chimie.

L'eau ordinaire contient de l'air ; une ébullition prolongée le chasse complètement. Elle est unie à une petite quantité de sel, et contient des matières végétales et animales en suspension plus volatiles que l'eau. Pour se procurer de l'eau pure, il faut procéder à *sa distillation.*

L'*eau potable* se reconnaît à sa propriété de dissoudre facilement le *savon* et de bien cuire les légumes. (Voir aux questions *Pourquoi.*)

L'*eau pluviale* est la plus pure, mais elle offre de très grandes variations. Celle qui provient des pluies douces est la meilleure.

L'*eau des rivières* est plus pure que celle des sources, et par conséquent moins indigeste. (Voir *Pourquoi.*)

Nota. — Nous engageons nos jeunes lecteurs à étudier dans nos *Etudes géographiques* les différents usages de l'eau ; nous n'avons voulu que leur donner ici des connaissances générales, afin de les mettre à même de mieux comprendre nos *pourquoi* et nos *parce que*.

ARÉOMÈTRE

OU

PÈSE-LIQUEUR.

Les *Aréomètres* ou *Pèse-liqueurs* sont des instruments destinés à comparer les densités des corps liquides dans lesquels on les plonge. Cette densité est d'autant plus grande, que le même appareil plongera moins. Les Aréomètres se composent d'un cylindre de verre, terminé inférieurement par une petite boule de verre contenant du *lest*, c'est-à-dire une matière pesante, destinée à donner une position verticale à l'appareil, et supérieurement par un tube de verre, sur lequel sont marquées des divisions nommées degrés de l'Aréomètre. Le principal Aréomètre est celui de Baumé. On donne aussi le même nom à des appareils inventés par *Farenheit* et *Nicholson*, un peu différents du précédent, et servant à déterminer les densités des solides et des liquides. L'Aréomètre de Nicholson et celui de Farenheit sont aussi appelés Aréomètres à volume constant et à poids variable, par opposition aux autres, tels que celui de Baumé, qui sont à poids constant et à volume variable.

M. Benoist a le premier établi, dans son ouvrage sur les pèse-liqueurs, des formules générales dont voici la traduction :

« Le poids spécifique d'un liquide est à celui de l'eau distillée, comme 14,400 est à l'excès de 144 sur le nombre de degrés marqué par le liquide au pèse-sels de Beaumé.

» Le poids spécifique d'un liquide quelconque est encore à celui de l'eau comme 144 est à la somme faite de 134, et du degré marqué par le liquide, au pèse-esprits de Baumé. »

POURQUOI.

Pourquoi *l'eau est-elle fluide?*

Parce que ses molécules sont séparées les unes des autres par le principe de la chaleur, qu'on nomme *calorique*. En effet, aussitôt que l'eau se refroidit jusqu'à un certain degré, elle se durcit, et forme de la glace.

Pourquoi *l'eau fond-elle le sucre, le sel, etc.?*

Parce que les parties de l'eau, en s'introduisant dans les pores du sucre, désunissent les molécules qui le composent, et les réduisent en parcelles tellement fines qu'elles se répandent ensuite dans les interstices du liquide.

Pourquoi *l'eau chaude pénètre-t-elle les corps plus facilement que l'eau froide?*

Parce que 1° le calorique qui est dans l'eau en pénétrant d'abord les corps, ouvre un passage au liquide ; 2° les molécules de l'eau étant elle-mêmes subdivisées par le calorique, en sont plus propres à s'insinuer dans la matière.

Pourquoi *l'eau ou l'humidité rouille-t-elle le fer?*

Parce qu'en s'emparant de l'oxygène contenu dans l'eau, il y a combinaison entre le fer et l'oxygène, c'est-à-dire formation de rouille ou d'oxyde de fer impur.

Pourquoi *l'eau contient-elle de l'air?*

Parce qu'elle a la propriété de dissoudre l'air comme un grand nombre d'autres gaz. Si l'eau ne contenait pas d'air, aucun animal n'y pourrait vivre, puisqu'il serait privé de l'élément nécessaire à sa respiration.

Pourquoi, *lorsqu'on plonge au fond de la mer à l'aide d'un poids, une bouteille de verre vide bien bouchée, cette bouteille se remplit-elle d'eau en peu de temps?*

Parce que la bouteille, à force de descendre, s'est trouvée dans des couches d'eau si pesantes que, par l'effet de la compression, certaines parties de sel extrêmement déliées, se sont fait un passage a travers les pores de la bouteille, et y sont entrées avec des particules d'eau. Dans une expérience, la bouteille était descendue à 250 brasses ou 1,250 pieds; qu'on juge de la pression qu'elle éprouvait sous la masse d'eau dont elle était couverte.

Pourquoi *l'eau de la mer est-elle salée?*

Parce que l'eau de la mer tient en dissolution plusieurs substances très-solubles qui lui communiquent cette saveur. La principale est le *sel marin* (ou chlorure de sodium), 100 kilogrammes d'eau de mer en contiennent 2 kilogrammes 1/2.

Pourquoi *l'eau de Seltz a-t-elle une saveur aigrelette?*

Parce que cette eau contient en dissolution une substance gazeuse a saveur aigrelette, ou acide carbonique,

que l'on voit se dégager sous forme de petites bulles quand on débouche la bouteille.

Pourquoi *certaines eaux, comme celles d'Enghien, par exemple, ont-elles une odeur d'œufs pourris?*

Parce que ces eaux dégagent un gaz composé de soufre et d'hydrogène, nommé *hydrogène sulfuré* ou *acide sulfhydrique*, qui a une odeur d'œufs pourris.

Pourquoi *certaines eaux, comme celles de Passy, ont-elles une saveur d'encre?*

Parce que ces eaux tiennent en dissolution des sels de fer; ces substances ont la saveur de l'encre, car cette dernière est composée d'eau, d'acide gallique et d'oxyde de fer.

Pourquoi *des personnes habituées à boire d'une certaine eau éprouvent-elles un malaise quand elles en adoptent une autre?*

Parce que les eaux de localités différentes ne contiennent pas ordinairement les mêmes substances en dissolution et n'ont pas ainsi, sur les facultés digestives, une action complètement identique.

Pourquoi *l'eau des pluies, qui provient cependant des vapeurs de la mer, est-elle douce?*

Parce que l'eau des mers, en s'élevant en vapeurs, abandonne les sels dont elle était imprégnée, et généralement toutes les matières qui ne peuvent se volatiliser.

Pourquoi *les rivières sont-elles troubles après les pluies ou après les fontes de neiges?*

Parce qu'elles reçoivent alors dans leurs lits des eaux qui sont chargées de sable et de terre.

Pourquoi *lorsque l'on verse de l'esprit de vin* (alcool) *sur de l'eau sucrée, le sucre tombe-t-il au fond du verre?*

Parce que l'esprit de vin se mélange avec l'eau ; le sucre qui est insoluble dans l'alcool, ne trouvant plus assez d'eau pour se dissoudre, se dépose au fond du vase.

Pourquoi *le bois de l'Inde, celui du Brésil, celui de Campêche colorent-ils l'eau commune?*

Parce qu'ils lui abandonnent un certain suc que la nature a placé entre les fibres de ces sortes de bois. (Voyez *Matières colorantes*, à la Nomenclature.)

Pourquoi, *lorsqu'on vide une bouteille pleine d'eau, le liquide sort-il difficilement?*

Parce que l'air extérieur fait d'abord obstacle à l'écoulement de l'eau ; mais bientôt il entre peu à peu dans la bouteille, et aide par son ressort à la sortie du liquide.

Pourquoi *les liqueurs différentes qu'on verse dans un vase, ne restent-elles pas placées dans l'ordre où on les verse?*

Parce que les liquides, qui n'ont pas d'action chimique l'un sur l'autre, se placent en raison de leur densité ; le plus lourd en bas, le plus léger à la surface. Ainsi, qu'on mêle de l'eau, de l'huile et du mercure dans une bouteille, en l'agitant fortement, on voit, aussitôt la bouteille en repos, l'huile surnager, l'eau se placer au-dessous et le mercure descendre au fond.

Pourquoi, *si l'on met de l'eau dans un verre, et qu'on verse ensuite fort doucement du vin sur une tranche légère de pain, placée sur l'eau, le vin se répand-il sans se mêler?*

Parce que le vin est un peu plus léger que l'eau. On

réussit dans cette expérience, même sans se servir de pain. Il suffit de verser le vin goutte à goutte et avec précaution. On voit d'abord les gouttes tomber au fond et monter aussitôt à la surface.

Pourquoi, *lorsqu'on mêle du vin avec de l'eau, et qu'on plonge ensuite dans ce mélange le bout d'une lisière ou d'un cordon d'étoffe imbibé de vin, et dont l'autre bout est placé dans un vase vide, pourquoi, dis-je, le vin se sépare-t-il de l'eau?*

Parce que le vin a plus d'affinité, c'est-à-dire s'unit mieux, avec le vin qu'avec l'eau; il se porte donc vers les molécules vineuses de l'étoffe qui, se trouvant bientôt mouillée, laisse tomber dans le vase vide sa surabondance de liquide.

Pourquoi *une balle de liége plongée dans l'eau revient-elle à la surface du liquide si on l'abandonne à elle-même?*

Parce que la quantité d'eau déplacée a un poids plus considérable que la balle de liége. Pour bien comprendre ce qui se passe dans ce phénomène, il est nécessaire d'entrer dans quelques détails, et de dire deux mots du principe d'Archimède. Ce physicien fut si content de l'avoir trouvé, qu'il sortit du bain et parcourut les rues de Syracuse en s'écriant : *Je l'ai trouvé.* Ce principe peut s'énoncer ainsi : *Un corps plongé dans un fluide y perd une partie de son poids égale au poids du volume du fluide qu'il déplace.*

Pour rendre compte de ce principe, il suffit de concevoir au milieu d'une masse d'eau un *cube* ou *dé à jouer*. Les pressions latérales seront nulles, puisque, d'après le principe d'égalité de pression, elles sont égales et contraires; la pression supportée de *haut en bas* par la face supérieure est égale au poids de la colonne liquide qui repose sur elle, tandis que la pression que supporte de *bas en haut* la paroi inférieure, est égale au poids de la colonne liquide qu'elle supporterait si le cube était liquide ; or, cette pression l'emporte sur la première de tout le poids de la colonne que le cube déplace ; donc ce cube doit être repoussé de *bas en haut* avec une force égale à cet excès de pression, et perdre ainsi une partie de son poids égale au poids du fluide déplacé. On nomme *poussée du fluide* cette pression de *bas en haut.*

C'est d'après ce principe qu'un morceau de fer, plongé dans du mercure, remonte à la surface, que la fumée s'élève dans les airs, que les nuages flottent dans l'atmosphère.

Puorquoi *les corps qui surnagent entrent-ils plus ou moins dans l'eau?*

Parce que les corps ne se tiennent sur l'eau qu'en *déplaçant un volume d'eau dont le poids est égal à celui du corps.* Si donc un corps est plus lourd qu'un autre, il devra être plus enfoncé dans l'eau, afin que le volume du liquide déplacé soit plus considérable et, par conséquent, puisse égaler un poids plus grand.

Pourquoi *tous les corps ne nagent-ils pas?*

Parce que le plus grand volume d'eau qu'ils puissent déplacer est souvent loin d'égaler leur poids; dans ce cas, la masse d'eau qu'ils déplacent ne pouvaut faire détruire leur poids, ils descendent et s'enfoncent. Ainsi un volume d'eau d'un mètre cube est beaucoup plus pesant qu'un morceau de bois de la même dimension. Supposons que l'eau pèse le double du bois ; dans cette hypothèse, le bois resterait à moitié hors de l'eau. Maintenant une masse de fer d'un mètre cube est plus pesante qu'un pareil volume d'eau ; par conséquent, si nous plaçons le fer sur l'eau, il s'enfoncera, puisque le volume de liquide qu'il pourra déplacer, ne sera pas égal à son poids.

Pourquoi *un morceau de fer et un morceau de bois de même volume n'ont-ils pas le même poids?*

Parce que les pores du bois, ou les vides qui en séparent les molécules, sont plus multipliés que dans le fer. C'est ce qu'on énonce en disant que le fer est plus dense, a plus de densité que le bois.

Pourquoi *si l'on pèse un corps dans l'eau, ne lui trouve-t-on pas le même poids qu'en le pesant hors de l'eau?*

Parce que le liquide qu'il déplace le soutient et l'allége du poids de son propre volume. Si la masse d'eau déplacée pèse 1 kilogramme (2 livres), le corps pèsera 1 kilogramme (2 livres) de moins étant plongé, que hors de l'eau.

Pourquoi *les pots dans lesquels on laisse de l'eau se cassent-ils si l'eau vient à s'y geler?*

Parce que l'eau, en se solidifiant augmente de volume avec une force très-grande, capable de briser, non-seulement des vases, mais des canons ayant plusieurs centimètres d'épaisseur.

Pourquoi *doit-on éviter d'employer dans les constructions des pierres très poreuses?*

Parce que l'eau contenue dans ces pierres augmente de volume en se congelant et les brise. Les pierres qui ont ce défaut se nomment pierres gélives.

Pourquoi *la glace est-elle moins dense que l'eau?*

Parce que l'eau, en passant à l'état solide, augmente de volume; ainsi, 14 litres d'eau liquide à zéro pèsent autant que 15 litres de glace à la même température; donc un litre de glace ne pèsera que les 14/15e d'un litre d'eau.

Pourquoi *la glace, qui paraît si pesante, surnage-t-elle?*

Parce que la glace est spécifiquement plus légère que

l'eau ; elle n'a donc pas besoin de s'enfoncer entièrement pour que le volume d'eau déplacé égale le poids de la glace ; elle surnagera donc.

Pourquoi *l'eau de la mer se congèle-t-elle à une température plus basse que l'eau douce?*

Parce qu'elle contient en dissolution des sels qui en retardent la congélation.

Pourquoi *un homme gras nage-t-il plus facilement qu'un homme maigre?*

Parce que la graisse est moins dense, et conséquemment plus légère que la chair, et ensuite un homme gras déplace un plus grand volume qu'un homme maigre, et par conséquent *perd* plus de son poids.

Pourquoi *l'action de la gelée est-elle nuisible aux plantes?*

Parce que l'eau, que contient leurs organes, augmente de volume en se congelant et brise les tissus.

Pourquoi *si l'on fait fondre du sel dans un verre plein d'eau, l'eau ne s'élève-t-elle pas au-dessus des bords du verre?*

Parce que les particules salines se logent dans les pores du liquide de manière que le sel et l'eau n'occupent pas ensemble plus de place que l'eau seule.

Si cependant vous essayez de fondre plus de sel que ces pores ne peuvent en loger, l'excès se déposera dans le fond du verre, et, s'emparant d'un espace que l'eau remplissait auparavant, obligera la dernière à déborder.

Pourquoi *la surface d'un liquide est-elle plane?*

Parce que les grandes masses d'eau comme l'Océan,

partageant la forme sphérique du globe, offrent une courbure saillante, qui devient totalement insensible, quand on considère une petite étendue comme un étang.

Pourquoi *la résistance d'un liquide est-elle moindre que celle d'un corps solide?*

Parce que les molécules d'un corps solide ont plus de cohésion que celles d'un liquide; les molécules de ces derniers corps peuvent se déplacer plus facilement.

Pourquoi *au fond de la mer trouve-t-on quelquefois de l'eau douce?*

Parce que cette eau est celle de certains fleuves qui se rendent dans la mer par des lits souterrains.

Pourquoi *trouve-t-on dans certaines rivières de petites paillettes d'or, d'argent?*

Parce que l'eau s'en est chargée en passant par différentes mines. L'Ardèche qui donne son nom à un département, roule des paillettes d'or. Le San-Francisco, en Californie, contient une très-grande quantité de ces paillettes.

Pourquoi *l'eau des marais et des lacs s'évapore-t-elle plus vite et en plus grande partie, que l'eau courante des fleuves et des rivières?*

Parce que la surface de l'eau des marais est plus longtemps exposée aux rayons du soleil que celle des fleuves et des rivières.

Pourquoi *la viande gelée est-elle plus tendre?*

Parce que les glaçons qui se sont formés des particules aqueuses ont écarté, en se dilatant par le feu qui cuit la viande, les fibres dont l'union faisait la dureté.

Pourquoi *les mers du Nord se gèlent-elles très-souvent?*

Parce qu'elles sont exposées à un froid d'une plus longue durée et d'une plus grande âpreté que celles des autres climats ; ajoutez que leurs eaux sont communément moins chargées de sels.

Pourquoi *la boue des rues, lorsque la gelée commence, est-elle toujours moins dure que la glace?*

Parce que l'eau s'y trouve mêlée avec une grande quantité de terre qui rend sa congélation plus difficile, en empêchant les particules aqueuses de se joindre.

Pourquoi *les rivières ont-elles leurs sources au pied des montagnes?*

Parce que les montagnes, par leur élévation, attirent les nuages, présentent plus de surface aux pluies et aux brouillards, et sont d'ailleurs couvertes de neiges qui se fondent insensiblement et produisent des infiltrations perpétuelles. Ces infiltrations pénètrent dans les entrailles de la terre, se frayent un passage à travers les rochers, et s'échappent au pied des montagnes.

Pourquoi, *puisque l'eau de la mer est salée, trouve-t-on des puits d'eau douce dans les petites îles, ou même près des côtes?*

Parce que ces puits n'ont aucune communication avec la mer, c'est l'eau des pluies qui les entretient; on n'en peut douter, puisqu'ils se tarissent dans les temps de sécheresse.

Pourquoi *certaines fontaines sont-elles intermittentes?*

Parce que l'eau qui alimente ces fontaines provient sans doute de la fonte des neiges et des glaces qui couvrent les montagnes; et comme la fraîcheur des nuits arrête la dissolution de la glace, l'écoulement de l'eau éprouve une intermittence qui se communique aux fontaines.

Pourquoi *l'eau dormante se corrompt-elle?*

Parce que les feuilles des plantes ou d'autres matières organiques s'y amoncellent, emportées par les vents ou charriées par les pluies, et s'y décomposent; des insectes y placent leurs œufs, qui éclosent bientôt et produisent une multitude de vers, lesquels, après leur mort, y portent la putridité.

Pourquoi *les eaux courantes se purifient-elles?*

Parce que: 1° le mouvement qu'elles éprouvent dans leurs cours met successivement en contact avec l'air toutes leurs molécules, et empêche la fermentation; 2° elles se dissolvent et laissent évaporer toutes les matières putréfiées et les principes de corruption qui leur viennent de la terre; 3° elles rejettent sur leurs bords, par l'effet de leur oscillation, les substances qu'elles ne peuvent dissoudre.

Pourquoi *l'eau placée sur un feu suffisant se soulève-t-elle en bouillonnant?*

Parce que la chaleur dégage du liquide d'abord des bulles d'air qui s'y trouvaient en dissolution, puis des bulles de vapeur qui s'élèvent de tous les points échauffés. Ces bulles, d'abord petites, traversant les couches supérieures dont la température est plus basse, s'y condensent avec bruit. Enfin de grosses bulles s'élèvent et crèvent à la surface. C'est ce qui constitue le phénomène qu'on appelle *ébullition.*

Pourquoi, *dans ce cas, les parties supérieures du liquide descendent-elles au fond du vase, tandis que les parties inférieures viennent au-dessus?*

Parce que le calorique appliqué à la surface inférieure échauffe la couche la plus basse du liquide. Celle-ci se dilatant, devient spécifiquement plus légère. Pressée par les couches supérieures, elle se déplace et monte dans la partie supérieure du vase; elle est remplacée par une couche plus froide, à laquelle succède bientôt une troisième et ensuite une quatrième couche, jusqu'à ce que toute la masse du liquide soit échauffée. Ce mouvement est d'autant plus rapide que le feu est plus ardent.

Pourquoi *les cordes d'une guitare montée se cassent-elles quand le temps est humide?*

Parce que l'humidité, ou l'eau réduite en vapeur, pénètre les corps, les étend, et augmente ainsi leur volume. Par exemple, le papier, le parchemin, les bois, le sapin surtout, les membranes animales s'allongent et s'agrandissent lorsque l'humidité augmente. Les cordes, au contraire, composées de filaments courts et menus, se renflent et s'épaississent aux dépens de leur longueur; car, dans ce cas, ce sont les filaments qui s'allongent. Ainsi les cordes de pianos, fortement tendues, se cassent dès que l'humidité, en les pénétrant, augmente encore leur tension.

Pourquoi *les petits capucins dont on se sert quelquefois pour indiquer l'état de l'atmosphère, se couvrent-ils de leur capuchon quand le temps devient humide, l'ôtent-ils, au contraire, lorsque le temps devient beau?*

Parce que le capuchon est mis en mouvement par le moyen d'une corde à boyau fixée par une de ses extrémités. Cette corde est contournée de manière à faire baisser le chapeau sur la tête du capucin, lorsque l'humidité la raccourcit en la renflant. Mais la sécheresse, en allongeant la corde, laisse relever le capuchon.

Pourquoi *faut-il moins de feu pour faire bouillir l'eau sur une montagne que dans la plaine?*

Parce que tout liquide n'entrant en ébullition qu'au

moment où la tension de sa vapeur égale la pression qu'il supporte, la température d'ébullition s'abaisse lorsque la pression est plus faible. Or, il y a sur les hautes montagnes diminution de la pression atmosphérique ; c'est pour cela que dans ces régions l'eau bout au-dessous de 100 degrés.

Pourquoi *peut-on faire bouillir de l'eau sans feu?*

Parce que l'ébullition a lieu lorsque la tension de la vapeur du liquide fait équilibre à la pression atmosphérique. Si la pression atmosphérique est nulle, la plus faible chaleur, celle de la main par exemple, suffit pour déterminer l'ébullition.

Pourquoi *l'eau pure enlève-t-elle moins facilement les taches des étoffes que l'eau de lessive?*

Parce que l'eau chargée de lessive contient une *base* qui se combine facilement avec les matières grasses et forme avec elle une substance nouvelle nommée *savon*, qui se dissout rapidement dans l'eau, et débarrasse l'étoffe de la matière qui la tachait. (Voyez *savon* à la Nomenclature.)

Pourquoi *les vases qui ont résisté à la congélation de l'eau qu'ils renfermaient, se brisent-ils lorsque la glace dont ils sont remplis vient à fondre?*

Parce que le calorique, en pénétrant dans la glace, en augmente le volume ; d'ailleurs, à mesure que les couches supérieures se fondent, elles s'infiltrent entre les molécules des couches inférieures, remplissent les vides, et chassent l'air qui, pour s'échapper, dilate le morceau de glace.

Pourquoi *l'eau commence-t-elle à se glacer à la superficie?*

Parce que les couches supérieures se trouvant immédiatement en contact avec l'atmosphère, perdent les premières leur calorique, les couches inférieures se gèlent ensuite lorsque leur calorique passe dans l'atmosphère à travers la première croûte de glace. Ce serait donc une erreur grossière de penser que la glace se forme au fond de l'eau, et qu'elle monte ensuite à la surface par l'effet de sa légèreté.

Pourquoi *les chats se passent-ils la patte par dessus l'oreille quand il doit pleuvoir?*

Parce que l'humidité qui se répand dans l'atmosphère, s'introduisant aussi dans les poils de ces animaux, donne lieu à des mouvements qui occasionnent une démangeaison, que les chats veulent faire cesser en se grattant. Bien des personnes éprouvent un effet analogue dans les mêmes circonstances ; leurs cheveux, mis en action quand l'humidité les pénètre, leur causent des démangeaisons insupportables.

Pourquoi *les nuages se résolvent-ils en pluie?*

Parce que la vapeur condensée qui forme les nuages se liquéfie par l'effet d'un abaissement de température : l'eau provenant de cette liquéfaction étant beaucoup plus dense que l'air, tombe par son propre poids.

Pourquoi *l'eau courante ne se gèle-t-elle pas aussi bien que l'eau tranquille?*

Parce que, si l'eau est courante, les molécules aqueuses, se déplaçant continuellement, ne peuvent prendre la forme cubique qu'elles adoptent dans la congélation ; de plus, le déplacement des molécules permet au calorique des couches inférieures de passer librement dans les couches supérieures, où il remplace, pendant quelque temps, celui qui s'échappe dans l'atmosphère.

Pourquoi *la glace qui couvre une rivière entièrement gelée n'est-elle pas unie comme celle d'un étang?*

Parce que la glace d'une rivière se forme d'une quantité de glaçons qui se multiplient sur la surface de l'eau et suivent le courant, jusqu'à ce qu'un pont ou un obstacle quelconque les arrête; alors ils s'unissent et composent une croûte raboteuse, mais souvent fort épaisse et assez solide pour porter des chariots tout chargés.

Pourquoi *les grandes rivières charrient-elles des glaçons?*

Parce qu'il naît en certains endroits, à la surface d'une eau courante, des espèces de tourbillons dans lesquels les molécules aqueuses ne changent point de place respectivement les unes à l'égard des autres. Ce mouvement de repos suffit à l'action d'un froid un peu vif pour opérer la congélation des molécules. Souvent aussi on voit flotter sur l'eau des feuilles, des débris de bois, etc.; l'eau qui les entoure se gèle facilement, et forme comme un centre, autour duquel s'attachent d'autres parties aqueuses dont la congélation s'opère successivement; une fois le noyau formé, il s'étend et s'élargit bientôt par l'adjonction d'autres molécules. Cet effet se produisant sur plusieurs points en même temps, il en résulte la formation simultanée d'une multitude de glaçons qui descendent la rivière, entraînés par le courant.

Pourquoi *la forme des glaçons que charrient les rivières ou les fleuves, est-elle ordinairement circulaire?*

Parce que : 1° les glaçons se forment et s'agrandissent circulairement; 2° leurs parties saillantes se brisent par le choc que les glaçons éprouvent fréquemment dans leur marche.

Pourquoi *la débâcle, c'est-à-dire l'écoulement des glaces qui couvrent une rivière, se fait-elle naturellement?*

Parce que le calorique amené par le vent des contrées méridionales, lorsque le dégel arrive, pénètre dans la glace pour la dissoudre ; d'un autre côté, les pluies et la fonte des neiges qui accompagnent le dégel, font monter les eaux des rivières, et la glace se trouvant soulevée d'une manière énergique éclate avec fracas ; la rapidité du courant en entraîne les débris, lesquels, dans leurs chocs mutuels, et à raison de leur peu de dureté, se brisent et se morcellent à l'infini.

Pourquoi *voit-on souvent une croûte de glace suspendue de quelques pouces au-dessus de l'eau ?*

Parce que, pendant que les premières couches de l'eau se gèlent, le liquide devenant plus dense par la perte de son calorique, éprouve une diminution sensible dans son volume ; la déperdition de l'eau augmente encore par l'effet de l'évaporation invisible que produit abondamment un air sec, comme est celui qui occasionne les froids les plus violents : il en résulte que l'eau s'abaissant, la première couche de glace se trouve suspendue au-dessus des couches inférieures.

Pourquoi *des bas qu'on met facilement quand ils sont secs, ne s'ôtent-ils qu'avec peine quand ils sont mouillés ?*

Parce que l'humidité, en renflant les fils, les raccourcit, et occasionne dans les bas un rétrécissement.

Pourquoi *l'eau s'élance-t-elle en jets souvent fort élevés, comme on le voit à Paris dans le Jardin des Tuileries ou à Versailles, ou à Saint-Cloud ?*

Parce qu'on fait d'abord monter l'eau dans les tuyaux assez larges, par le moyen d'une pompe aspirante ou d'une autre machine. Le liquide, qui tend sans cesse à se mettre de niveau, passe ensuite dans des conduits souterrains qui l'amènent jusqu'aux points où l'on a pratiqué des issues plus ou moins étroites, par lesquelles il s'échappe avec d'autant plus de force que la hauteur du réservoir est plus considérable.

Pourquoi *l'eau monte-t-elle quelquefois jusqu'aux étages les plus élevés des maisons de Paris?*

Parce que cette eau, qui vient de quelque édifice public, comme les réservoirs du pont Notre-Dame, ou les aqueducs de Belleville, qui sont plus élevés que les maisons, passe par des tuyaux souterrains, et, cherchant à se mettre de niveau, elle monte dans ceux qui communiquent avec les appartements.

Pourquoi *l'eau, qui ne peut s'élever qu'à* 10m60 (32 *pieds*) *dans les pompes à piston, sort-elle pourtant par le tuyau des pompes à puits, quoique ce tuyau soit quelquefois élevé de* 12 *à* 15m *au-dessus du niveau de l'eau?*

Parce que ces pompes sont fermées à la partie inférieure par une soupape que l'eau soulève pour entrer lorsqu'on fait jouer le piston, et qui se baisse ensuite pour empêcher le liquide de sortir. On pratique au centre du piston un trou par où l'eau passe pour monter dans le corps de la pompe lorsque le piston redescend ; ce trou est aussi couvert d'une soupape. Ainsi, à chaque coup de piston, il entre une nouvelle portion de ce liquide qui fait monter celui qui se trouve déjà introduit : c'est ainsi que l'eau parvient à des hauteurs considérables.

Pourquoi *lorsqu'on jette un morceau de sucre dans un verre d'eau, voit-on des bulles d'air sortir du sucre, traverser le liquide et venir crever à la surface?*

Parce que le sucre est une matière *poreuse*, c'est-à-dire qu'entre ses molécules il existe des interstices remplis d'air. L'eau étant plus dense, chasse l'air, qui vient ainsi, en vertu de sa légèreté spécifique, crever à la surface du liquide pour se répandre dans l'atmosphère. C'est le même effet que l'on observe quand on met dans l'eau des morceaux de sel, extrait des mines et que l'on appelle sel gemme ; seulement le gaz qui se dégage est de l'hydrogène proto-carboné.

Pourquoi *le Nil a-t-il ses débordements périodiques ?*

Parce que, quoique les sources véritables du Nil ne soient pas encore connues, on croit qu'il existe dans l'intérieur de l'Afrique de hautes montagnes qui se couvrent de neige en hiver ; ces neiges, fondues par la chaleur du printemps, grossissent les eaux du fleuve à des époques périodiques, et produisent ces débordements qui fécondent l'Égypte.

Pourquoi *voit-on des rivières qui se perdent d'abord pour reparaître plus loin ?*

Parce que, pour que le cours d'une rivière cesse tout-à-coup, il suffit qu'elle trouve sur son passage un banc de sable ou une caverne ; dans le premier cas, les eaux s'infiltrent dans le sable pour surgir ailleurs ; dans le second, les eaux seront employées à remplir la caverne, et elles cesseront momentanément de couler au-delà.

Pourquoi *les navigateurs ont-ils observé que, dans certaines régions, les eaux de la mer devenaient étincelantes pendant la nuit ?*

Les physiciens ne sont pas d'accord sur les causes de ce phénomène ; les uns attribuent cette lumière à de petits animaux qui vivent et se multiplient dans les eaux de l'Océan ; les autres croient qu'elle est due à des matières que les eaux tiennent en putréfaction ; d'autres enfin regardent l'électricité comme la cause de cette lumière extraordinaire.

Pourquoi *les eaux de la mer, qui, de toutes parts et depuis tant de siècles, fournissent le sel au genre humain, ne s'en trouvent-elles pas épuisées ni même appauvries ?*

Parce que chaque centaine de kilogrammes d'eau de mer renferme 2 kilog. et demi de sel marin ; et comme la quantité d'eau de la mer est infiniment grande, on voit que la quantité de sel qu'on en peut extraire est très-considérable, si bien que la quantité que l'on consomme peut être regardée comme à peu près nulle par rapport à la quantité qui y existe.

Pourquoi *le volume d'une éponge augmente-t-il dans l'eau?*

Parce que l'eau pénètre dans les *pores* de l'éponge; elle en écarte les molécules, et parvient ainsi à donner à ce corps un volume plus considérable.

Pourquoi *la pluie donne-t-elle plus d'activité à un incendie?*

Parce que, quand il pleut sur un édifice incendié, la chaleur réduit promptement en vapeur l'eau de la pluie, et décompose cette vapeur; les deux éléments dont elle était formée se séparent : l'*hydrogène*, qui est combustible, fournit un aliment de plus à l'incendie, et l'oxygène, qui sert à la combustion, augmente l'activité du feu.

Pourquoi *les objets renfermés avec des flacons d'essence sont-ils imprégnés de l'odeur qui s'en exhale?*

Parce que ce sont des molécules ou parties déliées de parfum qui se sont dégagées du flacon et ont embaumé tous ces objets. Ce phénomène s'opère par la *divisibilité*. Comme un exemple bien remarquable d'une grande divisibilité, on doit signaler l'expérience souvent répétée sur un fragment de musc, qui, après être resté exposé pendant plusieurs années à l'air libre et avoir imprégné de son odeur pénétrante tous les corps environnants, n'avait pas diminué de poids, du moins d'une quantité appréciable.

Pourquoi, *au moyen d'un filet d'eau peut-on opérer la rupture d'un tonneau rempli de ce liquide?*

Parce qu'en vertu du *paradoxe hydrostatique*, c'est comme si l'on introduisait dans le tonneau une colonne d'eau qui aurait pour base le fond du tonneau, et pour hauteur la hauteur du filet liquide. On sait, en effet, que les liquides transmettent également dans tous les sens les pressions qu'on exerce à leur surface, et que la pression supportée par le fond d'un vase dépend seulement de la hauteur du liquide au dessus de cette base ; en sorte que, au moyen d'une petite quantité d'eau, on peut exercer sur le fond d'un vase, qui irait en se rétrécissant par le haut, une pression considérable.

Pourquoi *la vapeur est-elle employée comme force motrice?*

Parce qu'à la température de l'ébullition de l'eau ou à une température supérieure, l'action de la vapeur peut

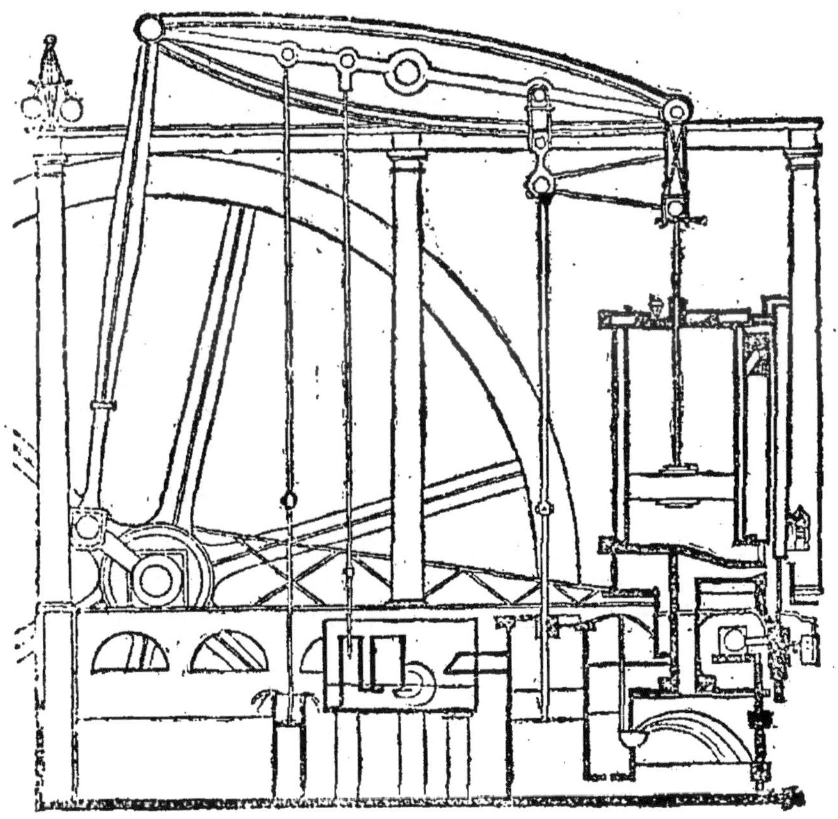

Machine à Vapeur.

égaler ou surpasser la pression atmosphérique, et, de plus, on peut, en condensant (réduire en eau) la vapeur, faire disparaître à volonté son action. Ce sont là les principes sur lesquels reposent les machines à vapeur.

Nous ne pouvons entrer dans cette importante question, mais nous donnerons une idée de la manière dont la vapeur peut produire un mouvement. Supposons un corps de pompe ou cylindre, dans l'intérieur duquel peut se mouvoir à frottement, un piston auquel est attachée une tige ; si l'on fait arriver de la vapeur sous le piston, cette vapeur, par sa force élastique, poussera le piston de bas en haut ; si, lorsque le piston est en haut de sa course, on détruit la vapeur en la condensant, alors la pression atmosphérique agira de nouveau sur la partie supérieure du piston et le fera descendre ; en donnant issue à la vapeur sous le piston, on aurait encore un mouvement ascendant, et ainsi de suite ; on comprend qu'on pourra transformer ce mouvement en un mouvement de rotation, de manière à faire tourner les roues d'une voiture.

Dans les locomotives, le mouvement de *va* et *vient* du piston, est horizontal. Sur les chemins de fer, la voiture qui porte la machine s'appelle *locomotive,* celle qui porte la charbon et l'eau s'appelle *tender,* puis viennent ensuite les *vagons* portant les voyageurs. Les roues de ces voitures offrent une demi-concavité et roulent sur des ornières en fonte appelées *rails.*

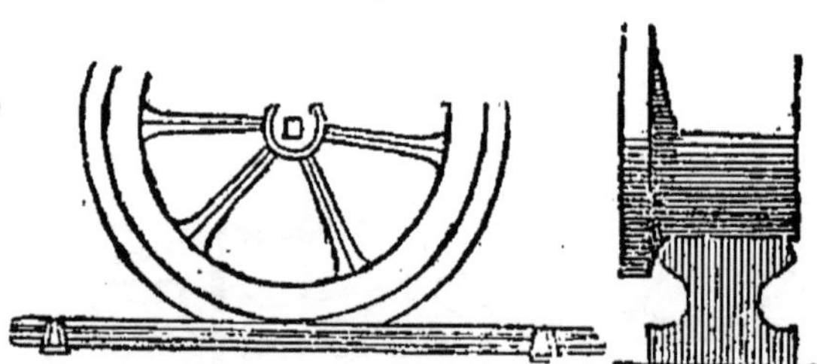

Rail de profil. *Rail en coupe.*

Les principales lignes de chemins de fer établies en France sont : de Saint-Étienne à la Loire, de Saint-Étienne à Lyon, de Paris à Saint-Germain, à Versailles, d'Alais à Beaucaire de Montpellier a Cette, de Bordeaux à Bayonne, de Paris à Orléans, à Tours et à Nantes, à Strasbourg, à Guingamp, de Paris à Rouen et au Hâvre, à Dieppe, à Lillé, à Valenciennes, à Lyon, et à Marseille, Bordeaux.

Figure d'un convoi.

Pourquoi *ne doit-on pas employer les eaux de certains pays, de certains puits pour alimenter les chaudières à vapeur ?*

Parce que ces eaux contiennent en dissolution des sels ëtrangers tels que sulfate de chaux, carbonate de chaux, etc. Ces sels, en se déposant dans les tuyaux, gêneraient la circulation de la vapeur, et pourraient ainsi donner lieu à des accidents.

Pourquoi *l'eau des puits des environs de Paris est-elle impropre au savonnage et à la cuisson des légumes?*

Parce qu'elle contient des *sels calcaires*, qui coagulent le savon, le font prendre en grumeaux et s'opposent au blanchiment. Quant aux légumes, le calcaire que l'eau tient en suspension, se dépose sur leur surface, les enveloppe d'une croûte solide, et empêche que la chaleur ne pénètre leur tissu pour les faire cuire.

Pourquoi *purifie-t-on de l'eau croupie en y jetant des charbons allumés ?*

Parce que le charbon, corps extrêmement poreux, s'imprègne de tous les gaz qui donnaient à l'eau sa mauvaise odeur.

C'est sur cette propriété du charbon que sont basées les fontaines filtrantes.

Pourquoi *purifie-t-on l'eau en la distillant ?*

Parce que la distillation consistant à faire, par l'effet successif de l'échauffement et du refroidissement, passer l'eau de l'état liquide à l'état gazeux et de l'état gazeux à l'état liquide, les matières étrangères, tenues en dissolution dans l'eau, s'en séparent pendant la réduction en vapeur.

Pourquoi *voit-on des moisissures sur les pots de confitures ?*

1° **Parce que** ces confitures n'ont pas été cuites au point convenable ;

2° **Parce qu**'elles n'ont pas été bien comprimées dans le pot ;

3° **Parce qu**'elles ont été trop longtemps exposées à l'air avant de les couvrir ;

4° **Parce que** le papier qui les couvrait était trop mince ;

5° **Parce qu**'elles n'étaient pas placées dans un endroit bien sec, exposé à la lumière et même au soleil.

Les moisissures sont des plantes qui appartiennent à la famille des champignons ; elles prennent la forme de petits filaments simples ou rameux, très délicats, et que le moindre souffle emporte ou altère. Les germes des moisissures sont transportés par l'air sur les confitures qui ne réunissent pas toutes les conditions dont nous avons parlé : ils y poussent et forment une espèce de croûte grise.

Pourquoi *parle-t-on de pluie de sang, de soufre, de feu, etc.*

Parce que le vulgaire ignorant prend, sans examiner, pour du sang, du soufre, etc., ce qui n'est rien moins que cela. Les savants ont prouvé que ces couleurs proviennent de certaines poussières végétales que les vents enlèvent et transportent quelquefois à de grandes distances.

Pourquoi *la pluie purifie-t-elle l'atmosphère?*

Parce qu'elle précipite les vapeurs de diverses natures qui se rassemblent dans l'air pendant des jours de sécheresse. D'ailleurs, la pluie rafraîchit l'air, parce que la région d'où la pluie tombe est presque toujours plus froide que les couches qui environnent la terre.

Pourquoi *voit-on quelquefois des brouillards très épais s'élever au-dessus des rivières?*

Parce que la température de l'eau étant inférieure à celle de l'air, a condensé les vapeurs qu'il contenait.

Pourquoi *neige-t-il en hiver et non en été?*

Parce que la neige se forme par la congélation des molécules aqueuses qui flottent dans l'atmosphère. Sans doute il se forme de la neige en été aussi bien qu'en hiver, puisque le sommet des hautes montagnes en est toujours couvert; mais, dans la saison des chaleurs, les particules glacées se fondent à cause de leur solidité avant d'arriver à terre.

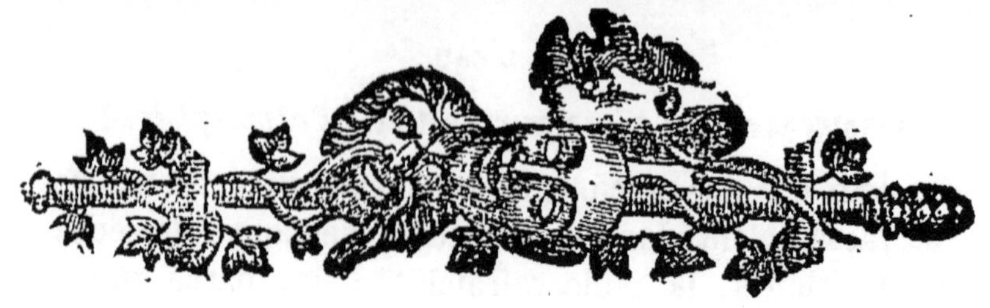

CHAPITRE IV

LA LUMIÈRE

OBSERVATIONS GÉNÉRALES

Sur la lumière.

La lumière est le fluide qui rend les objets visibles. Les physiciens ne s'accordent pas sur la cause qui produit la lumière ; les uns pensent qu'elle est émise directement par le soleil ; les autres, qu'elle est répandue dans l'espace et qu'elle *ondoie* jusqu'à nous, comme le son, par les vibrations que lui imprime le foyer lumineux.

Newton est l'auteur du système d'*émission*.

Descartes est l'auteur du système d'*ondulation*.

Le système de Descartes a été adopté par les astronomes et les physiciens les plus célèbres, tels que Huyghens, Euler, Arago, Fresnel, Young.

L'astronome *Rœmer* a, l'un des premiers en 1685, prouvé par l'observation des éclipses d'un des satellites de Jupiter, que la lumière emploie 8 minutes 16 secondes à peu près dans sa course depuis le soleil jusqu'à nous, ou pour faire plus de 38,000,000 de lieues, c'est-à-dire plus de 80,000 lieues par seconde. Rapidité que l'imagination ne peut concevoir.

Les milliards d'étoiles qui peuplent l'espace sont autant de soleils dont la lumière parvient à nos yeux lorsqu'ils sont armés de télescopes, et qui sont à de si prodigieuses distances que les rayons qu'ils nous envoient, ou dont ils nous procurent la sensation, emploient des années, des siècles et même des milliers d'années pour parvenir à la terre. La lumière est un agent physique très énergique dans certaines circonstances : elle exerce une action remarquable sur les composés d'argent. — Elle semble être la vie des végétaux ; ces derniers, quand ils en sont privés, subissent une altération nommée étiolement.

On appelle *rayon lumineux* toute ligne droite partant du foyer et suivant laquelle se dirige la lumière.—Lorsqu'un rayon lumineux vient à tomber sur une surface polie, il se *réfléchit*, c'est-à-dire qu'il est renvoyé suivant une autre direction que l'on sait déterminer rigoureusement au moyen de la *loi de la réflexion*. — Lorsqu'il passe d'une substance dans une autre, comme par exemple de l'air dans le verre, il se *réfracte*, c'est-à-dire qu'il se brise, et dévie de sa route primitive, pour suivre une direction que l'on peut déterminer rigoureusement au moyen de la *loi de la réfraction*, découverte par Descartes. Lorsqu'il passe au travers de certaines substances comme le spath d'Islande, il se brise suivant deux directions, et par suite, un objet vu au travers d'un cristal de spath d'Islande donne deux images. Ce phénomène est connu sous le nom de *double réflexion*.

POURQUOI

Pourquoi *les corps ont-ils des couleurs différentes, et les uns sont-ils noirs, les autres blancs ou rouges, etc.?*

Parce que la lumière n'est point simple : si on la fait passer, comme Newton l'a fait le premier, à travers un *prisme*, elle se décompose en sept rayons primitifs qui sont le *rouge*, l'*orangé*, le *jaune*, le *vert*, le *bleu*, l'*indigo*, le *violet*. Or, lorsque la lumière frappe un corps, si ce corps est de nature à réfléchir la totalité des rayons sans les décomposer, il paraîtra blanc, car le blanc est l'assemblage de toutes les couleurs ; s'il réfléchit le rayon rouge et qu'il se laisse traverser par les autres, il sera rouge ; s'il absorbe tous les rayons, excepté le vert, il nous paraîtra vert ; s'il absorbe tous les rayons sans exception, il sera noir, car le noir provient de l'absence de la lumière.

Pourquoi *un ciel pur nous paraît-il bleu?*

Parce que l'air qui remplit l'atmosphère a la propriété d'absorber tous les rayons, excepté le bleu qu'il réfléchit.

Pourquoi, *lorsqu'on se regarde dans un miroir, l'image paraît-elle enfoncée derrière la glace, au lieu de se peindre sur la glace même?*

Parce que nous nous représentons l'image au point où les rayons aboutiraient s'ils étaient droits, et comme nótre œil reçoit les rayons *réfléchis* par la glace, et que ces rayons semblent ainsi venir de derrière le miroir, il s'en suit que l'image doit nous paraître enfoncée derrière la glace et à une distance égale à celle de l'objet au miroir.

Pourquoi, *lorsqu'on se regarde dans l'eau, se voit-on la téle en bas?*

Parce que la surface de l'eau, comme celle de tout autre réflecteur, doit toujours être à égale distance du corps qu'on lui présente et de l'image réfléchie; ainsi quand on se regarde dans l'eau, comme les pieds sont les plus prés de la surface, ils sont réfléchis les premiers; la tête, au contraire, étant la plus éloignée, sera réfléchie à une distance égale de la surface, et paraîtra plus loin que les pieds.

Pourquoi *aperçoit-on quelquefois un arc-en-ciel, soit qu'il pleuve, soit qu'il ne pleuve pas?*

Parce que les arcs-en-ciel se forment par la décomposition des rayons lumineux dans les gouttes de pluie; ces phénomènes ne s'observent que lorsqu'on se trouve placé entre le soleil et le nuage sur lequel l'arç-en-ciel se dessine. On peut remarquer le même effet, si l'on se place devant un jet d'eau, du côté où les molécules humides retombent sur la terre et qu'on ait le soleil derrière soi. Dans ce cas, le jet produit absolument l'office d'un nuage. On obtiendra encore le même résultat, toujours sous les mêmes conditions, si l'on ette en l'air un peu d'eau qui retombe en pluie fine.

Pourquoi *aperçoit-on quelquefois une lumière blanchâtre assez vive qui paraît éclairer la partie septentrionale (le nord) du ciel pendant la nuit, principalement dans les contrées du nord ?*

Parce qu'il s'accumule dans ces contrées des quantités considérables de gaz hydrogène; l'inflammation de ce gaz produit une espèce de nue blanche et lumineuse qui reste pendant quelques heures immobile et comme stationnaire. Souvent des flots lumineux se répandent autour de cette nue, des gerbes brillantes la précèdent; tantôt le météore est d'une couleur rougeâtre, tantôt il est d'un rouge de feu.

Aurore boréale.

Pourquoi *voit-on quelquefois plusieurs soleils au-dessus de l'horizon ?*

Parce que le soleil se réfléchit sur de petites aiguilles de glace suspendues dans l'atmosphère, de manière à présenter deux ou trois fois, et même jusqu'à six fois, son image. Ce phénomène se nomme *parhélie*.

Pourquoi, *dans certains lieux, s'imagine-t-on voir devant soi un lac, une forêt, etc., lorsqu'effectivement il n'y a rien ?*

Parce que, outre les rayons émis directement par les objets éloignés, il peut en arriver à l'œil de l'observateur, provenant des réfractions successives que les couches d'air leur font subir. Cela a lieu surtout dans les plaines sablonneuses, où la chaleur du sol donne aux couches d'atmosphère des densités qui vont en augmentant à mesure qu'on s'élève, et en diminuant à mesure qu'on s'approche ; ces rayons déviés font voir les objets dans une position symétrique, comme sur un réflecteur, et deviennent la cause d'une foule d'illusions dont les voyageurs sont souvent les victimes. Ce phénomène, appelé *mirage*, a été expliqué par Monge, qui l'observa en Égypte.

Pourquoi *les vers* luisants *ne brillent-ils que pendant la nuit, ou plutôt dans l'obscurité?*

Parce que la lumière du jour, par son éclat, efface la faible lueur que ces insectes répandent, ou, en d'autres termes, en rend les impressions insensibles.

Pourquoi *ces insectes brillent-ils?*

Parce qu'ils renferment une matière fluide de la nature du phosphore, qu'ils font sortir volontairement par quelques pointes blanchâtres qu'ils ont sous le ventre.

Pourquoi *une serviette, chauffée et frottée dans l'obscurité, peut-elle fournir quelques étincelles qui s'échappent en pétillant?*

Parce que le frottement de la serviette dégage une petite quantité d'électricité, qui donne des étincelles visibles seulement dans l'obscurité. — Il faut que la serviette soit bien sèche, parce que l'humidité absorberait le fluide dégagé.

Pourquoi, *pendant les chaleurs, voit-on souvent le soir pétiller des feux sous les coups de rame, à la rencontre des gondoles et le long des murs de Venise, battus par les flots de la mer Adriatique?*

Parce que, en été, cette mer est couverte de petits animaux moins gros que des têtes d'épingles, et semblables aux vers luisants. Ces insectes sont surtout nombreux dans les lagunes de Venise, et aux endroits remplis de mousse et d'algues marines. Ce phénomène, appelé phosphorescence, doit être attribué à la présence de myriades d'animalcules, appelés *noctiluques*, c'est-à-dire qui brillent dans la nuit, et qui contiennent chacun un point brillant. En les étudiant au microscope on a reconnu que la lumière, émise par chacun d'eux, ne brillait que sur une faible portion du corps. Tous les agents physiques ou chimiques qui excitent les contractions des tissus, amènent un redoublement d'intensité dans la phosphorescence. Certains d'entre eux rendent les animaux lumineux dans toute l'étendue du corps.

Pourquoi, *si deux corps parfaitement égaux sont éloignés de nous à des distances inégales, le plus éloigné nous paraît-il plus petit que l'autre?*

Parce que nous sommes habituer à juger les corps d'après l'angle sous lequel il se présentent à nos yeux ; or, plus un corps s'éloigne de nous, plus cet angle diminue, plus, en conséquence, le corps nous semble diminuer. Au contraire, si nous tendons à nous rapprocher, l'angle s'ouvre peu à peu, et le corps paraît grossir insensiblement.

Pourquoi *lorsque nous entrons dans une avenue un peu longue, nous semble-t-elle plus étroite, et les arbres nous paraissent-ils plus petits à l'extrémité opposée, quoique les arbres, dont elle est formée, soient partout également hauts, et que les rangs soient parfaitement parallèles?*

Parce que les rayons qui viennent aboutir à l'œil, des arbres plus éloignés, pris deux à deux, forment des angles plus aigus que ceux qui arrivent de plus près ; il en est de même des rayons qui partent du sommet et du pied de chacun des arbres.

Pourquoi *les feuilles changent-elles de couleur en automne ou se flétrissent-elles?*

Parce qu'un changement chimique amène ces différences, en modifiant l'arrangement intime des parties; de là résulte la perte de la tendance particulière qu'elles avaient à réfléchir certaines couleurs, et la production d'une force susceptible d'en réfléchir d'autres. — Ainsi la feuille sèche ne renvoie plus les rayons bleus; elle paraît donc jaune, ou conserve une légère tendance à réfléchir plusieurs rayons, ce qui produit une couleur brun foncé.

Pourquoi *une tache d'encre laisse-t-elle sur le linge une teinte de rouille?*

Parce que cette tache absorbe d'abord tous les rayons; mais, exposée à l'air, elle souffre un changement chimique, et la tache retrouve en partie sa tendance à renvoyer les couleurs, avec préférence toutefois à réfléchir les rayons jaunes; c'est ainsi qu'arrive sa couleur de rouille.

Pourquoi *un vêtement noir est-il plus chaud qu'un vêtement blanc?*

Parce que les corps sombres absorbent plus les rayons solaires que les corps lumineux. — Ainsi le noir s'échauffe en absorbant les rayons; le blanc éblouit en les réfléchissant. C'est aussi pour cela que le papier gris brûle au foyer de la lentille, tandis que le papier blanc offre le point le plus brillant sans prendre feu.

Pourquoi *les étoiles ne paraissent-elles pas en plein jour à la simple vue?*

Parce que l'impression du soleil est beaucoup plus forte que celle des autres astres; les vibrations que les rayons solaires causent dans l'organe de la vue repoussent et rendent insensible l'impression des étoiles. Mais si un corps, par exemple, la lune, se place devant le soleil, comme il arrive dans les éclipses, les rayons solaires n'ayant plus la même action sur notre organe, nous apercevons quelques étoiles même en plein midi.

Pourquoi *ne voit-on pas des éclairs de chaleur pendant le jour?*

Parce que, si le ciel est couvert, ces phénomènes ne sont pas visibles; et, si le ciel est pur, la vivacité de la lumière du soleil efface la lueur, toujours assez faible, des éclairs de chaleur.

Pourquoi, *lorsqu'on passe d'un endroit fort éclairé dans un lieu sombre, ne voit-on d'abord aucun objet?*

Parce que la prunelle de l'œil a la propriété de se rétrécir dans un endroit fort éclairé, afin de ne pas admettre plus de rayons que l'organe visuel n'en peut supporter. Or, lorsqu'on passe d'un lieu bien éclairé dans un endroit obscur, la prunelle, pouvant admettre une plus grande quantité de rayons, en raison de leur faiblesse, se dilate insensiblement; mais ce n'est qu'au bout de quelques minutes que la dilatation est suffisante pour permettre de voir les objets.

Pourquoi *les chats dorment-ils presque continuellement pendant le jour ?*

Parce qu'ils ont la prunelle fort large; la lumière du jour les fatigue, les blesse : ils sont donc portés naturellement à fermer les yeux, et ils s'endorment.

Pourquoi *les chats voient-ils mieux que les autres animaux dans l'obscurité?*

Parce que comme leur prunelle est fort large, ils

admettent pendant la nuit infiniment plus de rayons que les autres. Les hiboux, et généralement tous les oiseaux de nuit, sont dans le même cas.

Pourquoi, *lorsqu'on passe d'un lieu sombre dans un lieu éclairé, l'impression de la lumière est-elle d'abord douloureuse?*

Parce que la prunelle, qui s'est dilatée dans l'obscurité pour recevoir une plus grande quantité de rayons faibles, demeure quelque temps dilatée au grand jour, et reçoit trop de rayons vifs : cet excès affecte l'organe de la vue; mais bientôt la prunelle se rétrécit, et la douleur cesse.

Pourquoi *lorsqu'on se frotte l'œil avec le doigt, aperçoit-on des espèces d'étincelles?*

Parce que le fluide lumineux qui remplit les humeurs de l'œil, mis en mouvement par l'impression rapide du doigt, communique son mouvement à l'organe de la vue, et lui donne cette impression, suivie naturellement de quelques sensations de lumière.

Pourquoi *un bâton plongé dans l'eau paraît-il rompu à la surface du liquide?*

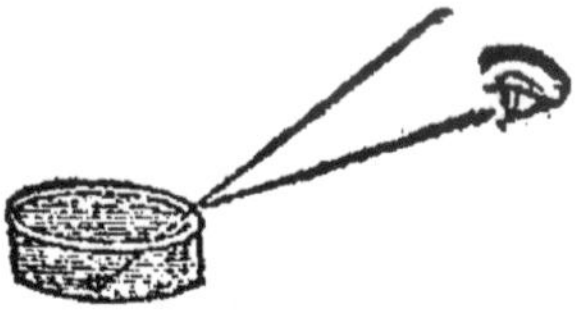

Réfraction.

Parce que les rayons lumineux partant du morceau du bâton qui plonge dans l'eau, se réfractent en passant de l'eau dans l'air, pour arriver à l'œil de l'observateur.

Pourquoi *le jour ne disparaît-il pas aussitôt que le soleil se couche, et pourquoi voyons-nous clair avant qu'il soit levé?*

Parce que les rayons solaires se *réfractent* (se brisent) à leur entrée dans l'atmosphère de manière à venir impressionner notre œil. Ce phénomène n'aurait plus lieu sans la présence de l'atmosphère, car les rayons continuant leur chemin en ligne droite, iraient se perdre dans l'espace.

Pourquoi *n'apercevez-vous pas les étoiles à leur véritable place?*

Parce que les rayons en passant du vide dans l'atmosphère éprouvent une réfraction qui les fait rapprocher du zénith. C'est le phénomène de la réfraction atmosphérique.

Pourquoi *n'apercevons-nous plus un corps quelconque passé une certaine distance?*

Parce que les jets de lumière qui émanent de ce corps se trouvant trop raréfiés par l'effet de la divergence (tendance à s'écarter) de leurs rayons, ce que la prunelle en perçoit n'est pas suffisant pour causer une impression.

Pourquoi, *si l'on s'enferme dans une chambre où le jour ne pénètre que par un trou médiocre, aperçoit-on les objets extérieurs se peindre au plafond ou sur la muraille dans une situation renversée?*

Parce que tous les faisceaux de lumière qui parviennent à l'œil de différents points des objets extérieurs se croisent dans la prunelle.

Pourquoi *la lune, qui est plus petite qu'une étoile, nous paraît-elle plus grosse?*

Parce que la lune étant plus rapprochée de nous, se présente à nos yeux sous un angle plus ouvert; l'image qu'elle peint sur la rétine (fond de l'œil) est donc plus grande que celle des étoiles.

Pourquoi *le soleil, la lune et les autres astres, qui sont de véritables globes, n'offrent-ils à nos yeux que des plans circulaires, comme s'ils étaient plats?*

Parce qu'au degré d'éloignement, où sont les astres par rapport à nous, les rayons de lumière qui nous viennent des divers points de ces corps ne diffèrent pas assez, par suite de la divergence de leurs rayons, pour nous faire sentir qu'ils ont des points plus rapprochés de nous, et d'autres plus éloignés.

Pourquoi *le soleil et la lune nous paraissent-ils plus gros à leur lever, ou à leur coucher, que lorsqu'ils sont élevés au-dessus de l'horizon?*

Parce que les rayons qui nous viennent de ces astres, traversant plus obliquement notre atmosphère, se réfractent et se dispersent en partie dans les vapeurs qui avoisinent la terre; ces vapeurs, à travers lesquelles nous voyons ces astres, font absolument l'effet d'un verre grossissant.

Pourquoi *certains verres grossissent-ils les objets?*

Parce qu'ils écartent les rayons qui émanent de ces objets, et, en les présentant sous des angles plus ouverts, ils les font paraître plus grands.

Pourquoi *le ciel a-t-il la figure d'une voûte surbaissée?*

Parce que le ciel est bien plus éclairé au zénith (le point le plus élevé) qu'à l'horizon; les parties les plus sombres nous semblent donc les plus éloignées, il en résulte que la courbure hémisphérique se change en une courbure surbaissée d'une manière remarquable.

Pourquoi, *du fond d'un puits, voit-on les étoiles en plein jour?*

Parce que, dans le fond d'un puits, l'impression des étoiles est plus forte que celle de la lumière du soleil; car les rayons des étoiles y tombent perpendiculairement sur les yeux, sans avoir été affaiblis par aucune réflexion; les rayons du soleil, au contraire, étant lancés obliquement, ne frappent l'organe de la vue qu'après avoir été fort affaiblis par les réflexions qui s'opèrent sur les parois du puits.

Pourquoi *le soleil semble-t-il rouge à travers un brouillard, lorsqu'il est à son lever ou à son coucher?*

Parce que l'atmosphère, plus étendue et chargée de vapeurs qui naissent principalement dans ces instants du jour, empêche les autres rayons d'arriver jusqu'à nous.

Comme nous le dirons dans une des questions suivantes, le rouge est celle des sept couleurs primitives, qui a le plus d'intensité.

Pourquoi *une tour carrée, vue de loin, paraît-elle ronde?*

Parce que les angles de la tour, en raison de leur éloignement, ne font pas dans l'œil un angle visuel sensible; ils s'effacent entièrement, et dès qu'on ne les distingue pas, la tour doit paraître ronde.

Pourquoi *la lumière d'une bougie paraît-elle s'agrandir à mesure qu'on s'éloigne?*

Parce que, 1° les rayons qui émanent du corps lumineux se réfractent, et s'écartent d'autant plus que le milieu qu'ils traversent est plus épais; 2° la flamme se réfléchit dans les molécules de l'air qui l'environne, et cet air, devenu lumineux, se confondant de loin avec la lumière de la bougie; fait paraître cette lumière beaucoup plus grande qu'elle n'est effectivement.

Pourquoi *la flamme paraît-elle ronde de loin, quoiqu'elle ait de près la forme pyramidale?*

Parce que l'air lumineux qui entoure la flamme se confond avec elle, et ne paraît faire qu'un seul corps lumineux. Vue de près, la flamme se distingue aisément, parce que les rayons directs qui en émanent, à raison de leur éclat, effacent la lumière que l'air ne fait que réfléchir.

Pourquoi *les astres ont-ils un mouvement tremblottant?*

Parce que l'air, traversé par les rayons qui nous viennent des étoiles, est sans cesse agité, et le mouvement qu'il éprouve se communique aux rayons de lumière. Aussi, remarque-t-on le même effet, lorsqu'on regarde une étoile et même le soleil, réfléchis sur une surface d'eau un peu agitée.

Pourquoi *un charbon ardent, qu'on fait tourner en rond produit-il l'impression d'un cercle de feu?*

Parce que ce charbon passant rapidement et à plusieurs reprises sur les mêmes traces, fait nécessairement sur l'œil des impressions continues ; car si l'action d'un corps recommence sur les mêmes fibres, sur les mêmes nerfs, avant que sa première action soit détruite, l'impression se continue comme si l'objet n'avait pas cessé d'agir.

Pourquoi, *si l'on mouille un papier blanc, la partie mouillée paraît-elle moins blanche?*

Parce que les rayons de lumière qui tombent sur la partie mouillée, trouvant les pores remplis d'une matière transparente, s'absorbent dans l'épaisseur du papier, et la traversent sans se réfléchir. Or, un corps paraît d'autant plus obscur qu'il réfléchit moins de rayons.

Pourquoi *la lumière qui émane des planètes est-elle plus faible que celle des étoiles fixes?*

Parce que, 1° la lumière des planètes est seulement réfléchie, puiqu'elle leur vient du soleil, tandis que les étoiles fixes nous lancent directement leurs rayons ; 2° parce qu'il n'y a qu'une partie de la lumière des planètes qui soit réfléchie vers nous, et même le peu de rayons qui nous arrivent sont très raréfiés par la divergence (dispersion) que produit la sphéricité (rondeur) des surfaces réfléchissantes.

Pourquoi *l'image d'un objet n'est-elle pas double, puisque nous avons deux yeux ?*

Parce que les deux nerfs qui reçoivent l'image dans chaque œil se réunissent et se confondent avant d'arriver au cerveau, qui paraît être le siége des impressions de l'âme. Conséquemment, le cerveau, n'éprouvant qu'un seul ébranlement, l'âme ne perçoit qu'une image. Mais si les deux nerfs pouvaient se séparer, nous percevrions deux images à la fois.

Pourquoi, *si je me place un peu de côté devant un miroir, ne puis-je apercevoir ma figure ?*

Parce que les rayons qui tombent de ma figure sur le miroir, font, avec le plan du miroir, un angle suivant lequel ils se relèvent ensuite : c'est ce qu'on énonce en disant que l'*angle de refléxion est égal à l'angle d'incidence*. Ainsi une bille de billard qui frappe la bande sous un angle quelconque, se relève en faisant un angle égal au premier ; une personne, placée devant un miroir, ne peut donc voir sa propre image que dans le cas où l'angle d'incidence est droit, c'est-à-dire quand les rayons tombent perpendiculairement de la figure sur le plan du miroir ; car c'est le seul cas où les rayons réfléchis puissent venir frapper le visage. Lorsqu'on est placé à côté du miroir, les rayons incidents font un angle aigu ; ils se réfléchissent sous un angle semblable ; ils se couchent donc plus ou moins sur le plan du miroir, dans une direction opposée à celle de la personne qui fait l'expérience : en un mot, les rayons réfléchis s'éloignent de la figure au lieu de s'en rapprocher.

Pourquoi *certains verres font-ils paraître les objets plus petits qu'ils ne sont effectivement?*

Parce que ces verres étant convexes (bombés), rassemblent les rayons de lumière et les réfléchissent par une surface très étroite ; ces rayons viennent donc frapper l'œil sous des angles fort aigus ; or, nous savons que les objets paraissent d'autant plus petits qu'ils se présentent à la vue sous des angles plus aigus.

Pourquoi, *lorsqu'on tire un poisson dans l'eau, doit-on viser au-dessous du point où on le voit?*

Parce que, 1° les rayons qui viennent du poisson se brisent en passant de l'eau dans un milieu moins dense, tel que l'air, et font paraître le corps plus élevé qu'il n'est ; 2° la balle, avant d'entrer dans l'eau, éprouve une résistance qui l'oblige à s'élever au-dessus de la direction qu'on veut lui donner.

Pourquoi *voit-on quelquefois la lune éclipsée, quoiqu'on n'aperçoive aucun nuage au-dessus de l'horizon ?*

Parce que la lune n'a d'autre lumière que celle qu'elle reçoit du soleil ; mais, s'il arrive que la terre se trouve placée précisément sur la direction que les rayons solaires doivent prendre pour aller éclairer la lune, ils sont interceptés, et la lune reste dans l'obscurité, jusqu'à ce qu'en changeant de position insensiblement, elle sorte de l'ombre de la terre.

Pourquoi *le soleil perd-il quelquefois sa lumière en plein jour?*

Parce que la lune, se trouvant devant le soleil, projette son ombre sur une partie de la terre. En 1842, la lune couvrit le centre du soleil, et l'astre du jour disparut pour quelques points de la terre ; cette disparition a été observée à Perpignan et plongea cette ville dans les ténèbres durant plusieurs minutes.

Pourquoi, *si je mets une pièce d'argent au fond d'un vase vide, ne l'aperçois-je point à une certaine distance, tandis que je la vois si on emplit le vase d'eau?*

Parce que, si le vase reste vide, les rayons qui partent de la surface de la pièce sont arrêtés par les parois et ne peuvent arriver en ligne droite jusqu'à mes yeux; au contraire, si le vase est plein d'eau, les rayons, partis de la pièce d'argent, se brisent en passant de l'eau dans l'air et viennent impressionner mon œil.

Pourquoi *certaines lunettes font-elles voir avec plus de clarté?*

Parce que les verres de ces instruments étant doublement convexes (renflés des deux côtés), rassemblent davantage les rayons qui partent des objets éclairés; ils les retiennent, les empêchent de se disperser, et les transmettent presque tous à l'organe visuel.

Pourquoi, *si l'on reçoit dans une chambre bien fermée, par le trou d'un volet, un rayon de lumière sur un prisme triangulaire (morceau de verre long et terminé par trois faces), ce rayon formera-t-il sur le mur une image composée de sept couleurs?*

Parce que le rayon de lumière, en traversant le prisme, se décompose en sept rayons primitifs, qui se peignent dans l'ordre suivant : *violet, indigo, bleu, vert, jaune, orangé, rouge*, et forment sur le plan qui les reçoit, une image allongée, qu'on a nommée *spectre solaire.*

Pourquoi, *si l'on divise un cercle en sept parties et qu'on peigne chaque partie d'une des sept couleurs primitives de la lumière, en faisant tourner rapidement ce cercle, paraîtra-t-il blanc?*

Parce que la rapidité du mouvement unit les couleurs, confond les impressions, de manière que l'œil n'en perçoit qu'un seule : c'est le blanc, composé des sept couleurs élémentaires.

Pourquoi *dans les temps de brouillard la lumière du jour s'affaiblit-elle?*

Parce que les molécules du brouillard sont moins transparentes, c'est-à-dire moins propres à être traversées par les rayons lumineux que les molécules de l'air.

Pourquoi *noircit-on à la fumée un morceau de verre avec lequel on veut regarder le soleil?*

Parce qu'on affaiblit par ce moyen la transparence du verre ; la plupart des rayons sont absorbés par la couche de fumée, on n'aperçoit que ceux qui pénètrent à travers les pores du noir : ce sont les jaunes et les rouges : car ces deux couleurs sont les plus fortes ; elles traversent des corps assez opaques pour arrêter ou éteindre les rayons des autres couleurs.

Pourquoi *les nuages paraissent-ils quelquefois rouges au coucher du soleil?*

Parce que, les vapeurs répandues dans l'atmosphère obscurcissant la transparence de l'air, les rayons lumineux les plus faibles sont absorbés en partie, mais les rouges, qui ont le plus d'intensité, traversent les vapeurs et vont colorer les nuages. La pleine lune à son lever, paraît ordinairement rouge, et cela par la même raison.

Pourquoi, *si un cabinet n'est éclairé que par un trou et qu'on couvre ce trou d'un verre rouge et d'un verre bleu placé sur le premier, l'obscurité la plus profonde règne-t-elle dans le cabinet?*

Parce que si le verre est rouge, c'est qu'il absorbe tous les rayons qui entrent dans la composition de la lumière, excepté le rouge, il absorbe donc le rayon bleu ; mais si le verre est bleu, c'est qu'il absorbe tous les rayons, excepté le bleu ; or, en unissant les deux verres, le rayon que chacun d'eux transmet, l'autre l'absorbe ; il n'entrera donc plus de lumière dans le cabinet.

Pourquoi, *lorsque nous regardons les passants à travers les carreaux d'une chambre, les voyons-nous mieux qu'ils ne nous voient ?*

Parce que la lumière de la chambre est moins vive que celle de l'extérieur ; or, les passants étant exposés à une lumière vive, leur prunelle se resserre, et la clarté de la chambre ne peut faire sur eux une impression suffisante pour qu'ils distinguent les objets. Mais ceux qui sont dans un appartement ont la prunelle plus dilatée ; ils perçoivent donc parfaitement la lumière extérieure, et voient bien distinctement les objets du dehors. Le contraire arrive lorsqu'il fait nuit, et que la chambre est éclairée artificiellement. Les personnes de l'intérieur ont alors la prunelle moins dilatée et n'aperçoivent plus les passants ; tandis que ces derniers, ayant la prunelle plus large, puisqu'ils sont dans un endroit obscur, aperçoivent très bien les personnes qui se trouvent dans l'appartement.

Pourquoi *les myopes, ceux qui ont la vue basse, voient-ils mieux de près que de loin ?*

Parce que leur œil étant trop rond, trop convexe, brise trop puissamment les lignes lumineuses qui le traversent. Ces lignes étant trop fortement déviées, se rejoignent avant d'arriver à la membrane sensible de l'œil, nommée rétine, alors l'image est confuse. Pour remédier à ce défaut, les myopes rapprochent les objets de leurs yeux : alors les rayons lumineux, arrivant de très près à l'œil, forment un écartement qui contre-balance la trop grande force de convergence du globe oculaire ; par ce moyen, les lignes lumineuses étant très divergentes, ne convergent pas aussi facilement, et viennent se réunir juste sur la membrane sensible. Quand les myopes ne peuvent rapprocher les objets à volonté, ils se servent de lunettes concaves, qui opèrent le même résultat que le rapprochement, c'est-à-dire qu'elles ouvrent l'angle des rayons, et les empêchent par conséquent de se réunir avant d'avoir touché la rétine.

Pourquoi *les vieillards voient-ils ordinairement mieux de loin que de près ?*

Parce qu'ils ont l'œil usé et aplati ; dans ce cas, les lignes lumineuses, qui sont d'autant plus énergiquement brisées qu'elles traversent un milieu plus bombé, ne le sont que très peu en traversant l'œil du vieillard, et quand elles parviennent à la rétine, elles n'ont pas assez convergé pour se rejoindre. Pour remédier à cet inconvénient, on éloigne les objets que l'on regarde ; alors les rayons lumineux, arrivant de loin, forment un angle très peu ouvert, c'est-à-dire un écartement peu considérable, qui ne donne pas au globe de l'œil un travail au-dessus de la force de convergence, en sorte que les lignes lumineuses se rejoignent au moment où elles touchent la rétine. Les personnes qui ont ce défaut, sont nommées *presbytes*. Quand on ne peut éloigner les objets à volonté, on y remédie en employant des lunettes bombées, dont la convexité supplée à l'aplatissement de l'œil, et rétrécit suffisamment l'écartement des lignes lumineuses, pour que celles-ci viennent se rejoindre au point où elles touchent la rétine.

Pourquoi *une robe bleue paraît-elle verte quand elle est soumise à la lumière artificielle ?*

Parce que les rayons bleus de l'étoffe se mêlant aux rayons jaunes, qui viennent des bougies, composent des rayons verts par cette combinaison.

Pourquoi *observe-t-on ordinairement que les personnes d'un teint jaunâtre semblent plus blanches à la lumière d'une bougie?*

Parce que la lumière de la bougie répand sur tous les corps une teinte jaunâtre ; ainsi, le jaune du visage de ces personnes, est moins frappant, quand tous les objets reçoivent une teinte jaune.

Pourquoi, *dans la chambre obscure, tous les objets extérieurs viennent-ils se peindre sur le papier d'une manière renversée?*

Parce que les corps lancent de tous côtés les rayons lumineux que le soleil fait tomber sur eux ; ces rayons se réfléchissent, emportent l'image de ces corps, et viennent les peindre au fond de l'œil; mais en s'y introduisant, ils se croisent et produisent ainsi le renversement du tableau.

La chambre obscure ressemble au dedans de notre œil ; l'ouverture du volet est la prunelle, le cristallin répond au verre convexe, et enfin la rétine fait l'office du carton où l'on voit que la nature s'est peinte.

Pourquoi, *au moyen d'un verre bombé, peut-on enflammer de l'amadou au soleil?*

Parce que les verres bombés, qu'on appelle verres convergents, rassemblent les rayons solaires qui les traverses en un point situé derrière eux, nommé le foyer de la *lentille* ou du verre lenticulaire.

Pourquoi *les graveurs, les cordonniers, font-ils usage de vases de verre remplis d'eau, placés devant une* *lampe pour en projeter la lumière à l'endroit où ils travaillent ?*

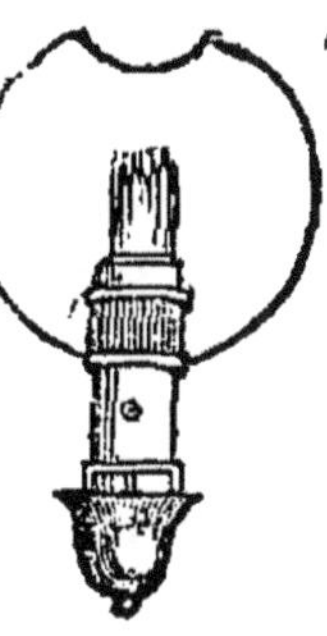

Parce que la forme convexe donne aux corps diaphanes la propriété de rassembler les rayons lumineux qui les traversent. Souvent les graveurs colorent en vert ou en bleu l'eau dont ils remplissent le bocal, pour éviter l'effet de la lumière rouge que produit le corps lumineux qu'ils emploient et qui fatigue extrêmement la vue.

Pourquoi *quand on regarde une bougie allumée à travers le nuage de vapeur qui se forme au-dessus d'un vase rempli d'eau bouillante, semble-t-elle entourée d'une auréole lumineuse et quelquefois colorée? Ce phénomène s'observe aussi à l'égard du soleil dans les temps brumeux.*

Parce que les rayons lumineux subissent des réfractions en traversant les petits globules d'eau qui forment le brouillard.

Pourquoi *la lumière du gaz hydrogène carboné (gaz de l'éclairage) est-elle plus brillante que celle de l'hydrogène pur ?*

Parce que cela tient à la présence d'une matière solide, le carbone. C'est à cette circonstance qu'est dû l'éclat de la lumière dégagée par le zinc, le phosphore, le fer en combustion.

Gazomètre

Pourquoi *peut-on fixer les objets de la chambre noire dans le Daguerréotype?*

Parce que la *toile du tableau* qui reçoit les images, est une couche *jaune d'or* que l'on obtient en plaçant la surface d'une plaque argentée au dessus de quelques parcelles d'iode abandonnées à l'évaporation spontanée; l'*iodure d'argent*, ainsi formé, jouit de la propriété de noircir sous l'action de la lumière, de sorte que, placées dans une chambre noire, les parties de la plaque fortement éclairées, paraîtront noires, les parties faiblement éclairées grises, et les parties noirâtres, blanches; en retirant cette plaque de la chambre noire, il est important de la priver de la lumière diffuse, car, à l'instant elle deviendrait toute noire; on la soumet à l'action d'un courant de vapeur de mercure chauffé à 75°; cette vapeur mercurielle s'attache en abondance aux parties de la surface de la plaque qu'une vive lumière a frappées; elle laisse intactes les régions restées dans l'ombre; elle se précipite sur les espaces qu'occupaient les demi-teintes, en plus ou en moins grandes quantités, suivant que, par intensité, ces demi-teintes se rapprochaient plus ou moins des parties claires ou des parties noires; on agite ensuite la plaque dans l'hyposulfite de soude et on lave à l'eau distillée.

La fixation des images de la chambre noire a été découverte, par Daguerre, en 1840.

CHAPITRE V

LA CHALEUR

OBSERVATIONS GÉNÉRALES

Sur la chaleur.

Le calorique est un fluide impondérable qui pénètre tous les corps en écartant les molécules et par conséquent en augmentant leur volume. On a émis deux hypothèses analogues à celle de la lumière pour expliquer les phénomènes que produit le calorique.

Le fluide se transmet à distance d'un corps à un autre, il est nommé alors *calorique rayonnant*. C'est ainsi que la chaleur nous vient du soleil ; sa vitesse est la même que celle de la lumière. Il se transmet aussi dans l'intérieur des corps de molécule à molécule avec plus ou moins de rapidité, suivant que le corps est plus ou moins *conducteur*.

THERMOMÈTRE

Cet instrument se compose d'un tube capillaire (d'un diamètre intérieur très petit) qu'on remplit de mercure ou d'esprit de vin ; comme le tube est capillaire, il faut pour le remplir employer un procédé particulier ; on chauffe le réservoir, et lorsque l'air est suffisamment dilaté, on plonge l'extrémité couverte du tube dans le liquide, qui monte par l'effet de la pression atmosphérique extérieure ; en retournant le tube une quantité de liquide est introduite ; cette opération répétée plusieurs fois, permet de remplir le réservoir et une partie du tube terminé à l'extrémité inférieure par un renflement sphérique (en forme de boule). Afin de chasser entièrement l'air et l'humidité, qui pourraient se trouver dans le tube et dans le liquide, on les réchauffe jusqu'à ce que la liqueur bouille. Par cette opération : 1° l'humidité, réduite en vapeur, s'échappe avec l'air devenu plus rare, et par conséquent plus léger que celui de l'atmosphère ; 2° le liquide se trouvant dilaté, remplit parfaitement le tube, et l'on choisit ce moment pour le fermer par le haut. Bientôt la liqueur, en se refroidissant, se condense et laisse vide la partie supérieure de l'instrument. On a placé le tube ainsi préparé sur une planche qu'on a graduée de la manière suivante :

Le thermomètre a été placé dans la glace fondante, et l'on a noté d'un zéro le point d'élévation que marquait le liquide dans cette circonstance. On a placé ensuite l'instrument dans la vapeur de l'eau bouillante, et le point marqué par la liqueur a été appelé 100. Enfin, on a divisé en cent parties égales, nommées *degrés*, l'espace compris entre ces deux points. On a aussi établi un certain nombre de degrés au-dessous de zéro, afin de pouvoir apprécier les températures plus basses que celles de la glace fondante, et un certain nombre de degrés au-dessus de 100 pour les températures supérieures à l'eau bouillante.

Au moyen de cet instrument, on peut reconnaître facilement le degré de chaleur et de froid de l'air ambiant. Ainsi les plus grands froids qu'on ait éprouvés à Paris ont fait descendre la liqueur dans le thermomètre à 18 degrés au-dessous de zéro; les plus grandes chaleurs l'ont fait monter à 36 au-dessus : ce qui donne, rarement à la vérité, une différence de 64 degrés entre la température de l'hiver et celle de l'été.

Il y a quatre sortes de thermomètres : 1° le *thermomètre centigrade*, marquant zéro à la glace fondante et 100 à l'eau bouillante ; 2° le *thermomètre de Réaumur*, ayant zéro à la glace fondante et 80 à l'eau bouillante ; 3° le *thermomètre de Fareinheit*, usité en Angleterre, et ayant pour point fixe 32 et 212 ; 4° le *thermomètre de Delisle*, usité en Russie, il marque zéro à l'eau bouillante, et 150 à la glace fondante.

On se sert du thermomètre à *esprit de vin* pour indiquer les *basses températures*, puisqu'il n'y a pas de froid assez vif pour congéler l'alcool rectifié.

Le *thermomètre à air* sert à marquer les plus légères variations de température, et le *thermomètre différentiel* sert à indiquer les différences de température de deux corps.

Enfin les plus hautes, celle des fourneaux, par exemple, sont mesurées par les *pyromètres*. Ces derniers instruments ne reviennent pas au même point pour le même degré de chaleur, et leurs indications ne sont pas comparables à celles du thermomètre à mercure.

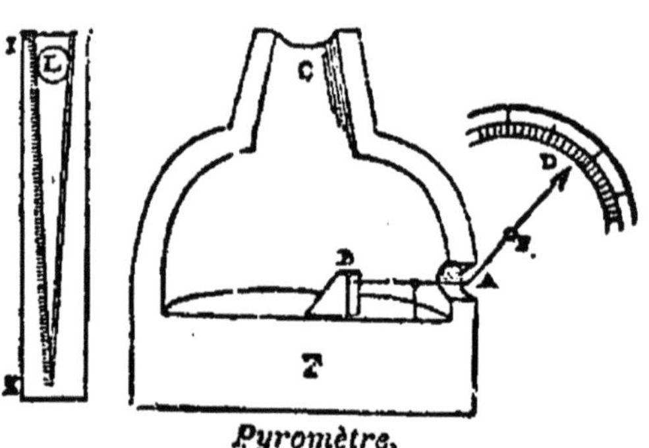

Pyromètre.

Il y a encore des thermomètres à *maximum* et à *minimum* : ils font connaître la plus haute et la plus basse température d'une enceinte où on les place pendant un temps déterminé.

Il y a aussi des thermomètres métalliques ; les principaux sont : 1° le thermomètre de Bréguet, qui est très sensible ; 2° le thermomètre à cadran fort usité en Allemagne.

POURQUOI

Pourquoi, *si l'on met ensemble un kilogramme de glace à zéro, et un kilogramme d'eau à 79 degrés, obtient-on, après la fusion de la glace, deux kilogrammes d'eau à la température zéro ?*

Parce que la glace, *pour se fondre*, a *absorbé* tout le calorique, puisque sa température n'a pas changé. Ce calorique, absorbé et dissimulé dans le liquide qui résulte de la fusion de la glace, se nomme *calorique latent* ou *calorique de fusion*.

Pourquoi *un métal s'échauffe-t-il quand on le bat sur une enclume ?*

Parce que la percussion, resserrant les molécules du métal, exprime pour ainsi dire le calorique qui tenait écartées les molécules.

Pourquoi *l'amadou qu'on place au fond d'un briquet à piston s'allume-t-il quand on donne un coup de piston ?*

Parce que l'air renferme entre ses molécules une certaine quantité de calorique; quand on comprime l'air, le calorique se dégage et allume des matières très combustibles, comme l'amadou, la poudre à canon, etc. Si l'on comprimait lentement, l'inflammation n'aurait plus lieu, parce que la chaleur serait absorbée par les parois à mesure qu'elle se dégagerait.

Pourquoi *les horloges avancent ou retardent-elles suivant les saisons?*

Parce que, lorsqu'il fait chaud, les pièces qui composent les mouvements d'une montre se dilatent. Le balancier s'allonge, oscille plus lentement, et la montre retarde. Le contraire ayant lieu quand il fait froid, la montre avance. On remédie à cet inconvénient au moyen d'un *pendule compensateur*.

Pourquoi *les rails d'un chemin de fer ont-ils des solutions de continuité de distance en distance, au lieu d'être un long ruban métallique?*

Parce que la chaleur dilatant le fer, le rail se tordrait entre les points où il est fixé et ferait dérailler les roues des vagons. Ces petites solutions de continuité sont calculées de telle sorte, que le jeu des dilatations puisse avoir lieu librement.

Pourquoi *une lame de couteau dont on ferait rougir la pointe au feu, s'échaufferait-elle au point de brûler promptement les doigts de celui qui la tiendrait par l'autre extrémité?*

Parce que le calorique circule facilement entre les molécules du fer, et parvient bientôt d'une extrémité à l'autre; mais si le couteau était armé d'un manche de bois, on pourrait en faire rougir la lame, car le bois transmet avec peine le calorique. On nomme *bons conducteurs* les corps qui laissent circuler facilement le calorique; les autres se nomment *mauvais conducteurs*.

Pourquoi, *lorsqu'on bat le briquet, jaillit-il des étincelles?*

Parce que, en frottant vivement le briquet contre la pierre à feu, dont la dureté est reconnue, il se détache des parcelles d'acier extrêmement fines, et ces parcelles, chauffées par le frottement, se combinent avec l'oxygène de l'air en produisant un dégagement de chaleur et de lumière, c'est-à-dire qu'elles brûlent avec des étincelles.

Pourquoi *deux corps s'échauffent-ils lorsqu'on les frotte?*

Parce que le frottement, en comprimant les corps, en extrait le calorique latent, et le change en calorique libre, c'est-à-dire en chaleur sensible à nos organes.

Pourquoi *peut-on sans se brûler tenir à la main un morceau de bois allumé par une de ses extrémités?*

Parce que le bois étant mauvais conducteur du calorique se laisse difficilement pénétrer par la chaleur.

Pourquoi, *lorsque l'eau est en ébullition, voit-on au-dessus de sa surface une espèce de brouillard?*

Parce que, par l'action du feu, l'eau se change en vapeurs *invisibles*; mais ces vapeurs se refroidissent au contact de l'air, se condensent, passent à l'état liquide, et forment un véritable brouillard. C'est pour cette raison que l'on voit un nuage blanc sortir sans cesse du tuyau d'une locomotive en mouvement.

Pourquoi, *lorsque l'eau est en pleine ébullition, sa température demeure-t-elle constante, quelle que soit d'ailleurs l'activité du foyer de chaleur?*

Parce que la chaleur fournie est employée à faire passer l'eau de l'état liquide à celui de vapeur. Cette chaleur qui ne produit aucun effet sur le thermomètre s'appelle le calorique *latent* (ou caché), *de vaporisation, de l'eau*. Elle est cinq fois et demie plus considérable que celle nécessaire pour porter l'eau à l'ébullition.

Pourquoi, *en hiver, voit-on une espèce de fumée sortir des narines ou de la bouche des animaux?*

Parce que la vapeur que les animaux chassent par la respitation, se trouve, en hiver, immédiatement saisie et condensée par le froid ; en été, le même phénomène n'a pas lieu parce que l'air extérieur a une température à peu près égale à celle des matières gazeuses qui sortent des poumons.

Pourquoi, *lorsqu'on introduit dans une pièce de canon échauffée un linge mouillé, ce linge est-il quelquefois repoussé avec violence?*

Parce que le métal, qui s'est fortement échauffé après qu'on a tiré plusieurs coups de suite, convertit subitement en vapeur l'eau qu'on y introduit; et si le linge remplit exactement le calibre, la vapeur, faisant effort pour sortir, en se dilatant, repousse le corps qui lui fait obstacle.

Pourquoi, *lorsqu'on verse un peu d'eau dans l'huile bouillante, l'eau jaillit-elle de tous côtés?*

Parce que la chaleur de l'huile bouillante est tellement énergique, qu'elle réduit sur-le-champ l'eau en vapeur. Ainsi, que les molécules aqueuses entrent dans l'huile, elles se dilatent aussitôt et repoussent avec violence l'huile qui les enveloppe. Ceci explique aussi la pétillement qui en résulte.

Pourquoi *une petite bouteille de verre qu'on jette au feu éclate-t-elle avec violence, si elle renferme un peu d'eau et qu'elle soit bien bouchée, au lieu qu'elle ne produit aucun effet si elle est bien bouchée?*

Parce que l'air se dilatant et l'eau se réduisant en

vapeur dans la bouteille par l'action de la chaleur, tendent à sortir, et si la bouteille est bouchée, elle crève aussitôt que l'adhérence, ou la force de cohésion de ces parties, n'est plus assez puissante pour résister à la dilatation des fluides qu'elle renferme.

Papin, physicien français du XVIIe siècle, montra la force de la vapeur en faisant bouillir l'eau dans un vase de fonte hermétiquement fermé et muni d'une soupape de sûreté. La vapeur qui se forme retarde, par la pression qu'elle exerce sur le liquide, son ébullition, de sorte que la température augmentant la force élastique, devient de plus en plus forte, elle soulève bientôt la soupape et se dégage sous forme d'une épaisse colonne. C'est l'expérience de la *Marmite de Papin.*

Pourquoi *peut-on faire du chocolat dans une carte?*

Parce que la chaleur ne fait que traverser la carte, à raison de sa conductibilité pour agir sur la substance qu'elle renferme.

Pourquoi *ne peut-on faire chauffer de l'eau dans un vase en bois?*

Parce que le bois étant mauvais conducteur du calorique et ayant une certaine épaisseur, la chaleur, au lieu de le traverser, resterait dans son intérieur et le brûlerait sans échauffer le liquide.

C'est aussi à cause de la faculté non conductrice du bois que les instruments de cuisine n'ont pas le manche en métal.

Pourquoi *les monnaies sont-elles plus chaudes que les poches de nos habits?*

Parce qu'elles sont meilleures conductrices du calorique que les matières qui composent nos vêtements.

Pourquoi *le sel marin pétille-t-il quand on le jette dans le feu?*

Parce que la partie aqueuse qu'il renferme passe subitement à l'état de vapeur ; or, la vapeur occupant un volume très considérable, occasionne, par sa force élastique, la rupture des parties dont se compose le sel, et produit ainsi une explosion.

Pourquoi *les métaux se couvrent-ils difficilement de rosée?*

Parce qu'étant bons conducteurs du calorique, ils en enlèvent assez promptement à la terre pour réparer la perte qu'ils font en rayonnant vers les espaces célestes.

Pourquoi *les jardiniers défendent-ils les plantes délicates de l'action du froid, en les couvrant d'une natte mince?*

Parce que les rayons calorifiques qui émanent de ces plantes sont arrêtés par la natte, renvoyés par elle, et de cette manière le refroidissement se fait d'une manière très lente.

Pourquoi *a-t-on froid en sortant du bain?*

Parce que les gouttes d'eau répandues sur la surface du corps, passant à l'état de vapeur, enlèvent du calorique, et nous font ainsi éprouver un sentiment de froid.

C'est pour la même raison qu'une goutte d'éther placée sur la main produit un froid très vif.

Pourquoi, *dans les grandes chaleurs de l'été, transpire-t-on davantage?*

Parce que la chaleur dilate les pores et les fluides de notre corps.

Pourquoi, *dans une grande chaleur, avons-nous recours aux boissons fraîches, aux bains, aux liqueurs froides, à la glace même?*

Parce que l'air que nous resserrons par ce moyen rétablit, en s'élargissant, les mouvements nécessaires, achève aussi, par ses chocs ou impulsions perpétuelles, la digestion, la nutrition : ce qu'il ne pouvait faire auparavant, parce que l'épuisement du corps, ou la chaleur extrême, en relâchant trop et diminuant son ressort, lui avait ôté la force ou l'action avec laquelle il aidait le mouvement des viscères et du sang.

Pourquoi *fait-on rafraîchir de l'eau en entourant d'un linge mouillé le vase qui la renferme et l'exposant aux rayons du soleil?*

Parce que la chaleur solaire provoque le passage à l'état de vapeur de l'eau dont le linge est imbibé. D'ailleurs cette vapeur ne peut se former qu'en soustrayant du calorique au vase, lequel à son tour, en enlève au liquide qu'il contient.

Si l'on se sert d'éther, on peut faire glacer de l'eau.

Pourquoi *une barre de fer s'allonge-t-elle quand on la chauffe?*

Parce que le calorique, ou le principe de la chaleur, qui est un fluide extrêmement subtil, s'introduisant entre les molécules du fer, les écarte plus ou moins, suivant le degré de chaleur qu'on procure; et si la chaleur est assez forte, les molécules finissent par se désunir, et le fer entre en fusion, c'est-à-dire coule comme de l'eau.

Pourquoi *le bois ne se fond-il pas comme le plomb?*

Parce que tout corps combustible, comme le bois, le charbon, le soufre, l'huile, a de la tendance à se combiner avec l'oxygène. Pour que cette combinaison ait lieu, il faut que le combustible soit chauffé, c'est-à-dire que ses molécules soient tenues écartées par la chaleur, et deviennent par là plus propres à se laisser pénétrer par l'oxygène. Or, si un corps combustible chauffé convenablement, est pénétré par l'oxygène contenu dans l'air qui l'entoure, il y a combinaison, et de cette combinaison résulte toujours un dégagement de calorique et souvent de lumière. Ainsi, le bois et le charbon sont des combustibles précieux, parce qu'ils sont avides d'oxygène, et qu'on peut opérer, à peu de frais, le dégagement de chaleur qui accompagne toute combinaison.

Pourquoi *le feu consume-t-il le bois?*

Parce que, si un corps combustible, comme le bois, l'huile, etc., se trouve chauffé jusqu'à une température suffisante, il décompose l'air qui l'entoure, en attirant l'oxygène de cet air qui se mêle avec les molécules du bois, pour donner différents produits, comme l'esprit de bois, l'acide acétique et les gaz qui se dégagent. Il y a de plus un résidu appelé cendres.

Pourquoi *les cendres ne sont-elles plus capables de brûler?*

Parce que les cendres, ou résidu de la combustion du bois, ne sont autre chose que des sels, comme les phosphates, carbonates, et surtout le carbonate de potasse, qui n'éprouvent aucune action de la part de la chaleur.

Pourquoi *allume-t-on le feu en soufflant dessus?*

Parce que, par cette action, on dirige une plus grande quantité d'oxygène au point où s'opère la combinaison du gaz avec le combustible. Ainsi, le feu devient très actif quand on établit, pour l'entretenir, un courant d'air un peu rapide; au contraire, il s'éteint aussitôt que l'oxygène de l'air cesse de l'alimenter.

Pourquoi *le poids des cendres n'égale-t-il pas celui des corps qui les a produites?*

Parce que tous les principes qui constituaient le corps avant la combustion, ne se condensent pas dans le résidu; quelques-uns se dégagent et se répandent dans l'atmosphère, soit sous la forme de vapeurs, soit sous la forme de gaz invisibles.

Pourquoi *est-il assez difficile d'allumer du feu sur le sommet d'une montagne?*

Parce que l'air, s'y trouvant fort raréfié, fournit trop peu d'oxygène pour entretenir le feu, c'est-à-dire pour produire une combinaison rapide de ce gaz avec le combustible.

Pourquoi *le bois sec brûle-t-il mieux que le bois vert?*

Parce que le bois vert contenant beaucoup d'eau, la chaleur est d'abord employée à faire évaporer cette eau, et le bois ne s'échauffe que quand toute l'humidité est dissipée.

Pourquoi *un morceau de bois brûle-t-il difficilement quand il est seul; et pourquoi si l'on y joint un autre morceau, le feu prend-il aussitôt?*

Parce que la portion d'air qui circule entre ces deux morceaux est soumise à l'action de deux corps à la fois; l'oxygène que cet air renferme est sollicité doublement à se séparer des éléments avec lesquels il se trouve combiné, pour entrer dans le bois; il s'en dégage donc promptement et laisse le calorique rayonner en liberté.

Pourquoi *un corps paraît-il plus chaud qu'un autre?*

Parce que le calorique tend sans cesse à se répandre également partout et à se mettre en équilibre. Ainsi, quand un corps en renferme plus qu'un autre, il en cède à celui qui en a le moins. Par exemple, si en plongeant la main dans une eau tiède ou bouillante, on éprouve la sensation de la chaleur, c'est une preuve que la main reçoit une portion du calorique que le liquide renferme. Si au contraire on pose la main sur une table de marbre, le calorique quittera la main pour entrer dans le marbre, et l'on éprouvera la sensation du froid.

Pourquoi *les vêtements de laine sont-ils chauds en hiver?*

Parce que les mailles de la laine interceptent dans leurs intervalles beaucoup d'air; or, l'air étant un mauvais conducteur du calorique, empêche celui-ci de quitter notre corps. C'est à la présence de cet air qu'il faut attribuer cette propriété, que possède la laine, de ne pas conduire la chaleur; car, si par une compression, on le supprimait, la laine deviendrait conductrice du calorique.

Pourquoi *la laine peut-elle servir à garder la glace?*

Parce que les molécules d'air logés dans les mailles de la laine empêchent la chaleur extérieure d'arriver à la glace renfermée dans la laine. Ainsi, c'est par la même raison que la laine est chaude en hiver et froide en été.

Pourquoi *la cire se fond-elle au soleil?*

Parce que le calorique qui vient du soleil pénètre la cire, en écarte les molécules, lesquelles, ayant peu d'adhérence les unes aux autres, se séparent facilement.

Pourquoi *la terre molle se durcit-elle au soleil?*

Parce que le calorique s'attache de préférence à l'eau qui tenait les molécules de la terre séparées les unes des autres; il transforme cette eau en vapeur, l'entraîne et laisse aux particules terreuses la faculté de se rapprocher, de s'unir avec une force bien supérieure à celle qui lie les molécules de la cire entre elles.

Pourquoi *les caves sont-elles chaudes en hiver et fraîches en été?*

Parce que les caves conservent dans toutes les saisons à peu près la même température, dix degrés au-dessus de zéro. Or, en été, quand l'air extérieur est échauffé à 20 ou 25 degrés, si l'on quitte cette température pour entrer subitement dans une autre bien inférieure, on éprouvera naturellement une fraîcheur sensible. En hiver, au contraire, s'il règne un froid de quelques degrés au-dessous de zéro, il est évident qu'en entrant dans une cave, on sentira une chaleur marquée.

Une observation fort singulière prouve que la sensation de fraîcheur ou de chaleur, que nous éprouvons en passant dans un lieu, dépend de l'habitude contractée par nos organes dans le lieu que nous occupions auparavant. Dans les Cordilières d'Amérique, il y a à mi-côte une ferme nommée *Antisana;* là, se rencontrent les voyageurs arrivant de la plaine où la chaleur est considérable, et ceux qui reviennent du sommet de la montagne où les neiges sont éternelles. Ceux qui descendent sont baignés de sueur et ne peuvent supporter leurs vêtements; ceux qui montent grelotent et se couvrent de fourrures.

Pourquoi, *après avoir tenu un morceau de fer chaud d'une main, et de l'autre un morceau de glace, trouvé-je l'eau qu'on vient de tirer d'un puits, chaude quand j'y plonge ma main froide, et froide au contraire quand j'y plonge ma main chaude?*

Parce que le calorique s'échappe de ma main chaude pour entrer dans l'eau qui en a moins, et j'éprouve la sensation du froid; au contraire, si ma main est plus froide que l'eau, elle en tirera du calorique, et j'éprouverai une sensation de chaleur.

Pourquoi *l'eau éteint-elle le feu?*

Parce que l'eau refroidit le corps combustible, et l'empêche par là de se combiner avec l'oxygène de l'air, principe indispensable de toute combustion; mais il faut que l'eau soit abondante, car si l'on n'en verse qu'une petite quantité, elle avive la flamme. Cette propriété vient de ce que l'eau est composée d'hydrogène et d'oxygène; le premier, comme on sait, sert à brûler les combustibles, et le second est combustible au plus haut degré. Si donc on verse peu d'eau sur le feu, celui-ci n'étant pas assez refroidi décompose subitement l'eau, dont les principes, une fois séparés, donnent à la flamme une intensité bien plus considérable : c'est ce qui explique pourquoi les forgerons jettent de temps en temps quelques gouttes d'eau sur le feu de leur forge.

Pourquoi *dit-on que le feu purifie tout?*

Parce que le feu, en décomposant les objets qu'il consume, volatilise les parties impures qu'ils contiennent.

Pourquoi *un verre qu'on remplit à moitié d'eau bouillante se brise-t-il?*

Parce que le calorique, en passant dans la partie du verre que l'eau touche, y cause une dilatation subite; e comme le verre est un assez mauvais conducteur de la chaleur, c'est-à-dire que le calorique y circule inégalement, la partie supérieure du vase restant froide, pendant que la partie inférieure se dilate, il y a nécessairement une séparation, ou mieux une solution de continuité. C'est par le même motif qu'un morceau de soufre que l'on tient dans la main se casse en faisant entendre un petit bruit nommé *cri de soufre.*

Pourquoi *y a-t-il des vins mousseux?*

Parce que les vins mousseux étant mis en bouteilles avant que la fermentation alcoolique ne soit achevée, le gaz y reste emprisonné jusqu'à ce qu'il puisse chasser le bouchon, et c'est alors que, s'échappant impétueusement avec la liqueur qu'il soulève, il forme cette multitude de petites bulles désignées sous le nom de mousse.

Pourquoi *les tuyaux de fonte qui servent à l'écoulement souterrain des eaux de Paris se crevent-ils quelquefois?*

Parce que l'eau qui s'y trouve venant à se geler, augmente de volume et occasionne la rupture de ces tuyaux. De cette augmentation de volume dans la solidification de l'eau (1/14e du volume) résulte une force très énergique capable d'opérer la rupture de canons de fonte ayant plusieurs centimètres d'épaisseur; c'est à cette expansion qu'il faut attribuer les effets funestes de la gelée au commencement du printemps.

Pourquoi *si l'on remplit d'un liquide quelconque un flacon de verre à col très étroit, et qu'on le fasse chauffer, voit-on, dans le premier moment de l'action du calorique, la liqueur descendre dans le tube?*

Parce que la substance du verre, recevant la première chaleur se dilate aussi la première. Mais bientôt le liquide commence à se dilater lui-même, et comme sa dilatation l'emporte sur celle du verre, non-seulement il remplit entièrement le flacon, mais aussi il s'échappe par l'orifice du col. Si le flacon était fermé hermétiquement, le liquide en se dilatant, le ferait éclater.

Pourquoi *avons-nous sans cesse besoin de respirer?*

Parce que la respiration purifie notre sang et lui donne la chaleur vitale.

Pourquoi *notre sang a-t-il besoin d'être purifié?*

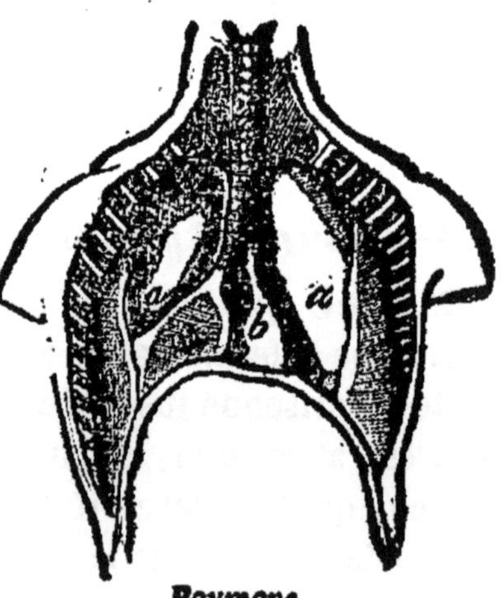

Poumons.

Parce que le sang, après s'être répandu dans toutes les parties du corps, pour y apporter les principes nutritifs fournis par les aliments, en rapporte les matériaux usés et détériorés; ces matériaux contiennent un élément nommé *carbone* (charbon pur). Or, ce carbone, étant devenu inutile, ne peut être que nuisible ; il faut donc que le sang l'emporte de nos organes et s'en débarrasse lui-même ; c'est pour cela qu'il se rend dans nos poumons, qui sont deux espèces d'éponges placées dans notre poitrine. Quand il s'est répandu en mille canaux dans l'épaisseur de ces éponges, celles-ci se gonflent, c'est-à-dire s'étendent pour recevoir l'air dans leurs innombrables cavités, c'est alors que la poitrine s'élargit et que l'air s'y précipite par le nez, la bouche et un canal particulier nommé trachée-artère, qui est placé au devant du cou.

Dès que l'air a pénétré dans les poumons, l'oxygène qu'il contient agit à l'instant sur le *carbone* contenu dans le sang ; il se combine avec lui, et le sang, débarrassé de cet élément qui le noircissait, devient rouge. En outre, cette combinaison de l'oxygène avec un corps considérable, étant suivie d'un dégagement de calorique, notre corps reçoit une quantité considérable de chaleur qu'on nomme chaleur vitale.

Pourquoi *l'exercice, la course par exemple, échauffe-t-elle jusqu'à faire suer celui qui s'y livre ?*

Parce que la respiration étant plus fréquente, il arrive dans un temps donné plus d'oxygène dans nos poumons, et que le dégagement de chaleur vitale devient assez considérable pour faire transpirer sous forme de sueur, les liquides de l'intérieur de notre corps.

Pourquoi *est-on asphyxié, c'est-à-dire étouffé, quand on allume du charbon dans une chambre où il n'y a pas de cheminée ou de courant d'air ?*

Parce que le charbon se combine avidement avec l'oxygène de l'air ; de cette combinaison résulte d'abord un dégagement de chaleur et ensuite des gaz formés d'oxygène et de charbon, nommés acide carbonique et oxyde de carbone. Comme cette combinaison s'opère rapidement, tout l'oxygène de l'air contenu dans la chambre close, est bientôt consumé et remplacé par des gaz carbonés ; de sorte que la personne renfermée dans la chambre, ne trouvant plus à respirer que de l'acide carbonique, de l'oxyde de carbone et de l'azote, meurt asphyxiée, et bien plus promptement encore que si elle avait été renfermée, sans charbon, dans un lieu très étroit, à cause de l'action délétère des gaz carbonés.

Pourquoi *dit-on chaud comme de l'huile bouillante ou du fer fondu, pour exprimer une chaleur violente?*

Parce que chaque matière exige une température differente, non-seulement pour entrer en fusion, mais aussi pour atteindre le terme de l'ébullition. Ainsi la glace se fond à zéro degré, et l'eau qui en provient bout à 100 degrés ; l'huile, au contraire, supporte une chaleur de 300 degrés avant de bouillir. Le plomb n'entre en fusion qu'à une température de 320 degrés : le fer fondu serait bien plus chaud encore, puisqu'il exige une température de 9,070 degrés, seulement pour entrer en fusion.

Pourquoi *le suif d'une chandelle allumée monte-t-il vers la flamme?*

Parce que tous les liquides occupant un canal ont la propriété de monter le long de ce canal jusqu'à une certaine hauteur; c'est une espèce d'attraction exercée par les parois du canal sur le liquide, et que l'on nomme *capillarité.* Ainsi, quand on a versé du vin rouge dans un verre (qui est un véritable canal), on peut voir que le vin remonte le long du verre, un peu au-dessus du niveau ; car toute la circonférence du verre présente une couleur moins foncée qu'au centre, provenant de la couche peu épaisse du vin qui s'est élevé le long du verre. Si, au lieu du verre large, on observe la même chose dans un verre à patte ou dans un tube étroit, on verra que le vin remonte davantage. Or, les fils qui composent une mèche ne sont pas creux, mais ils forment entre eux des intervalles que l'on peut regarder comme de véritables tubes ou canaux; c'est dans l'intérieur de ces tubes que monte l'huile ou le suif devenu liquide par la chaleur de la flamme dont il est voisin. C'est aussi une des causes de la marche ascendante de la sève, le long des fibres des arbres, depuis la racine jusqu'aux branches les plus élevées.

Pourquoi *la mèche d'un quinquet fume-t-elle quand on ne la garnit pas d'une cheminée de verre?*

Parce que 1° une mèche placée au milieu de l'air ne reçoit pas, dans un temps donné, assez d'oxygène pour que toute l'huile qui arrive jusqu'à elle soit brûlée; il en résulte que la partie non brûlée, c'est-à-dire non combinée avec l'oxygène, ne dégage pas la chaleur et la lumière qui accompagnent ordinairement toute combustion, et que, n'étant pas brûlée, elle s'exhale en une fumée noire et fétide.

2° Le tube de verre emprisonnant autour de la mèche une colonne d'air, cette colonne ne tarde pas à s'échauffer, à se dilater, à devenir plus légère, et par conséquent à s'échapper rapidement par le haut de la cheminée. Or, en même temps que cet air monte, il en arrive nécessairement une nouvelle quantité par le bas du tube, et ce nouvel air entre aussi vite que le premier est sorti; il en résulte un courant rapide qui, apportant sur la mèche imbibée d'huile une bien plus grande quantité d'oxygène qu'il n'en serait arrivé s'il n'y avait pas eu de courant, consume, brûle complétement les molécules de cette huile, lesquelles trouvant de l'oxygène en suffisante quantité, se combinent *toutes* avec lui, c'est-à-dire produisent *toutes* de la chaleur et de la lumière. Ainsi, une cheminée de quinquet est utile : 1° en ce qu'elle nous met à l'abri de l'infection; 2° en ce qu'elle met à profit toutes les parties de l'huile.

Pourquoi *un quinquet fume-t-il quand la mèche est coupée inégalement?*

Parce que les vapeurs ou gaz qui proviennent de l'huile, s'échappant avec plus d'abondance par la partie la plus longue de la mèche, n'arrivent pas au foyer ou centre de la flamme, et ne peuvent être consumées entièrement. Aussi, dans ce cas, la lueur est-elle assez faible, quoique la consommation de l'huile soit plus grande.

Pourquoi *la flamme tend-elle à monter?*

Parce qu'elle est spécifiquement plus légère que l'air.

Pourquoi *la flamme prend-elle la forme pyramidale?*

Parce que les molécules de gaz les plus extérieures, s'enflamment les premières, celles du centre sont obligées de monter d'autant plus haut qu'elles sont plus centrales, afin de trouver les molécules d'oxygène, pour former avec elles leur alliance lumineuse.

Pourquoi *en approchant une chandelle allumée d'une autre chandelle qu'on vient d'éteindre, cette dernière s'allume-t-elle à distance?*

Parce que la mèche de la chandelle éteinte conserve encore une grande chaleur ; le peu de calorique qu'on y ajoute seulement en approchant une autre chandelle mais allumée, suffit donc pour achever, ou plutôt pour renouveler l'inflammation. L'odeur de mouchure de chandelle est du gaz non brûlé.

Pourquoi *voit-on voltiger le soir de petites flammes bleues au-dessus de la terre dans les endroits marécageux, ou autour des tombeaux dans les cimetières?*

Parce qu'il s'exhale des terrains marécageux ou des corps qui se réduisent en putréfaction des gaz appelés hydrogène phòsphoré. Ces gaz ont la propriété de s'enflammer au simple contact de l'air ; ils produisent ainsi des flammes légères qu'on désigne sous le nom de *feux follets.*

Pourquoi *les feux follets paraissent-ils fuir la personne qui les poursuit, et poursuivre celle qui les fuit?*

Parce que ces feux voltigent de côté et d'autre, suivant la marche de l'air. Ainsi, quand on approche pour les saisir, on pousse une colonne d'air qui entraîne ces petites flammes ; au contraire si on fuit devant les feux follets, ils sont entraînés par le courant d'air, et semblent poursuivre les personnes qui se sauvent.

Pourquoi *une carafe remplie d'eau fraîche se couvre-t-elle en été de gouttelettes d'eau?*

Parce que, étant refroidie par le liquide, elle abaisse la température de l'air ambiant, condense par suite la vapeur qui se dépose en gouttelettes, et celles-ci constituent la rosée.

Pourquoi *voit-on souvent tomber les étoiles pendant les belles nuits et dans toutes les saisons?*

Parce qu'il se rassemble dans les régions élevées de l'atmosphère des exhalaisons spécifiquement plus légères que les couches inférieures de l'air ; ces exhalaisons se combinent avec l'air inflammable (le gaz hydrogène) qui émane sans cesse des eaux dont la terre est couverte, et produisent, en s'enflammant par une espèce de fermentation, ces feux clairs et rapides qui se précipitent vers la terre, suivant différentes directions. Ces feux s'éteignent presque toujours avant d'arriver jusqu'à terre. Ils ont reçu le nom d'*étoiles tombantes* (*), parce qu'ils paraissent comme autant d'étoiles qui se détachent de la voûte céleste.

(*) Cette théorie des étoiles tombantes est contredite aujourd'hui ; l'on pense que ce sont autant de petites planètes ; mais rien n'est prouvé à cet égard.

Pourquoi *aperçoit-on quelquefois dans l'air des globes enflammés qui éclatent en lançant une pluie de feu de tous côtés?*

Parce que les fluides qui émanent du sein de la terre parviennent souvent à des hauteurs considérables, où ils se réunissent et composent des masses de diverses grosseurs que la fermentation allume. Comme ces matières sont extrêmement inflammables (on peut en juger, puisque le gaz hydrogène phosphoré s'allume au seul contact de l'air), elles sont bientôt consumées : aussi ces phénomènes ne durent-ils qu'un instant. Il est facile de produire, en petit, des globes semblables. Pour cela on prend de l'eau de savon, qu'on imprègne de gaz hydrogène, et l'on souffle des bulles semblables à celles que font les enfants ; ensuite, à l'aide d'une machine électrique, on touche la bulle. Une étincelle y met le feu subitement, alors le globe enflammé se détache, parcourt un espace assez long avec beaucoup de rapidité, et éclate enfin avec bruit.

Pourquoi *le serein est-il dangereux?*

Parce que les vapeurs qui se forment sont toujours imprégnées d'exhalaisons pernicieuses, surtout dans les pays marécageux.

Pourquoi, *quand on place sur la braise un tube de fer, dont les deux extrémités sont bouchées avec des bouchons de liége, le bouchon part-il?*

Parce que la chaleur a augmenté le volume d'air contenu dans le tube; l'air, occupant ainsi un plus grand espace, chasse l'obstacle qui s'oppose à ce qu'il s'étende

Pourquoi, *lorsqu'on se promène à la campagne pendant les belles soirées du printemps et de l'automne, les vêtements se couvrent-ils d'humidité?*

Parce que la chaleur du jour soulève des vapeurs, des exhalaisons, qui se refroidissent dès que l'action du soleil a cessé, se condensent et retombent en pluie extrêmement fine : c'est ce que l'on appelle le *serein*.

Pourquoi *les plantes et les feuilles sont-elles couvertes de gouttes d'eau après une belle nuit de printemps ou d'automne?*

Parce que les plantes, rayonnant du calorique vers les espaces célestes, diminuent de température. Alors, si des couches d'air, chargées de vapeur d'eau, viennent à les rencontrer, ces couches laissent condenser une partie de leur vapeur, parce que celle-ci ne peut exister à cette température.

Pourquoi *ne remarque-t-on point de rosée, quoique la nuit ait été très belle, lorsqu'il a fait grand vent?*

Parce que le vent, ou l'air agité, absorbe en passant les vapeurs, à mesure qu'elles se condensent, et les entraîne avec lui.

Pourquoi *la campagne se couvre-t-elle quelquefois de petits glaçons blancs pendant les belles nuits?*

Parce que le froid de la nuit, saisissant les gouttes de la rosée, quand le ciel est très pur, ces gouttes se convertissent en glaçons, qu'on désigne sous le nom de *gelée blanche*.

Pourquoi *fait-il du brouillard?*

Parce que les vapeurs, qui se sont élevées de la terre, condensées par le froid et trop pesantes pour se tenir dans les régions élevées de l'atmosphère, restent dans les régions inférieures, où elles altèrent la transparence de l'air, et retombent en partie en pluie très fine.

Pourquoi *le brouillard se dissipe-t-il?*

Parce que les rayons du soleil le pénètrent, le raréfient par l'effet de leur chaleur, en le rendant plus léger, le sollicitent à s'élever en forme de nuage ou le dissipent totalement.

Pourquoi *voit-on du givre ou des frimas?*

Parce que les corps auxquels le brouillard s'attache, se trouvant très refroidis, les molécules d'eau se gèlent aussitôt, et couvrent ainsi les branches des arbres, les plantes sèches, les cheveux et la barbe des voyageurs, etc.

Pourquoi *les carreaux des fenêtres de nos appartements se couvrent-ils intérieurement de givre en hiver?*

Parce que l'air intérieur qui est chaud et chargé de vapeurs, se porte contre les carreaux, et perdant alors sa chaleur, il abandonne en même temps l'humidité qu'il tenait en dissolution; ces vapeurs se condensent, s'arrêtent sur les vitres, et si le froid extérieur devient assez vif, elles se convertissent en glace.

Pourquoi *dit-on que la neige est utile à la terre?*

Parce que, en la couvrant, elle préserve les blés de la gelée, en conservant le même degré de froid qui a été nécessaire pour la former, et qui est celui de la première congélation. La neige procure aussi à la terre une humidité qui se conserve plus longtemps que celle des pluies, parce qu'elle pénètre et s'insinue davantage en fondant et se résolvant en eau. Mais c'est une erreur de croire que la neige engraisse la terre.

Pourquoi *certaines montagnes nommées volcans, vomissent-elles du feu, des cendres, du bitume et des matières brûlantes liquéfiées qu'on nomme laves?*

Parce que ces montagnes ont des soupiraux toujours ouverts, par lesquels la masse ignée en fusion, formant la majeure partie du volume de la terre, communique avec l'extérieur. L'écorce solide du globe n'a que quelques lieues d'épaisseur ; elle recouvre une masse incandescente semblable à du fer en fusion ; cette masse, continuellement comprimée par la croûte solide, qui s'épaissit par une progression lente mais continue, est forcée de chercher de temps en temps une issue par les ouvertures ou *cratères* des volcans ; alors elle déborde au dehors, et l'équilibre est rétabli pour un certain temps.

Pourquoi *un grand nombre de volcans se sont-ils éteints ?*

Parce que de grandes révolutions, occasionnées à la surface du globe par l'action des feux souterrains, ont donné un autre cours à l'épanchement de la lave et laissé le temps, à celle des anciens cratères, de se fermer. C'est de cette ancienne lave, durcie depuis bien des siècles dans les volcans éteints de l'Auvergne, que sont pavés nos trottoirs et les bas-côtés des boulevarts.

Pourquoi *trouve-t-on loin de la mer, et jusque sur les montagnes, des lits de coquillages ou de nombreux débris de lézards, de poissons et d'autres animaux, dont les uns ne se rencontrent que dans les mers, et les autres n'existent plus nulle part ?*

Parce que les bassins des mers ont été, à plusieurs reprises, déplacés violemment par les soulèvements de l'écorce solide du globe, chacun de ces soulèvements, donnant lieu à la naissance d'une chaîne de collines ou de montagnes, a fait surgir des continents là où il n'existait auparavant que des mers ; d'où il résulte que des mers ont été refoulées par dessus des continents qui n'existent plus. Ces grands bouleversements, écrits en caractères ineffaçables dans les élément de la constitution géologique du globe; ayant modifié à plusieurs reprises la nature de l'atmosphère et celle de la végétation, bornée dans l'origine à quelques palmiers et à quelques fougères de grandeur colossale, les espèces d'animaux dont le tempérament n'a pu résister à ces changements subits ont disparu. Tels sont les *mammouths* et les *mastodontes*, éléphants monstrueux dont la Sibérie conserve, sous ses glaces éternelles, des débris encore recouverts de leur peau et de leurs poils, comme si c'était hier seulement qu'eussent péri ces témoins du naufrage d'un monde.

Pourquoi *la terre tremble-t-elle quelquefois?*

Parce que l'immense brasier souterrain qui en forme la masse principale, éprouve par moments des tressaillements qui se communiquent à la croûte dont il est recouvert, quand la matière liquéfiée par le feu tend à se faire jour par les soupiraux dans les éruptions volcaniques, ou bien à se créer de nouvelles issues, en ouvrant de nouveaux cratères; c'est ce qu'on a observé près des îles Açores, dans l'Océan, et tout récemment près de la Sicile, dans la Méditerranée.

Pourquoi, *les volcans lancent-ils quelquefois de la boue?*

Parce qu'il suffit qu'il pleuve au moment où le cratère vomit des tourbillons de sable; alors l'eau et le sable mêlés ensemble, forment le boue qui se répand sur le flanc de la montagne.

D'après la position géographique des volcans, éteints ou en activité, on peut conclure que le plus grand nombre est dans le voisinage de la mer et dans les îles. Quant à l'origine du feu volcanique, nous admettrons, avec Fourier, que la terre est en fusion à son centre, et que les volcans doivent être regardés comme autant de soupiraux en communication avec ce foyer de chaleur.

Pourquoi *la température est-elle inégale dans les différents lieux de la terre?*

Parce que la différence des saisons, occasionnée par l'obliquité de l'écliptique, apporte d'extrêmes alternatives parmi les régions froides et les climats tempérés, mais fort peu entre les tropiques, d'où le soleil ne s'éloigne pas. Au contraire, ces alternatives de la chaleur des étés, comme du froid des hivers, sont d'autant plus fortes qu'on se rapproche des pôles, et les jours y deviennent ou très courts ou très longs. Ce ne sont là que des causes générales; les causes particulières sont nombreses; nous n'en citerons que quelques-unes : l'*élévation* ou la *dépression* du *sol;* l'*exposition* du terrain; l'*humidité* ou la *sécheresse*; les montagnes, les fleuves, les vents. La loi générale des climats s'exerce aussi sur les êtres organisés, elle s'exprime par l'*expansion* sous la chaleur et la *contraction* sous l'empire de la froidure. « Ainsi, dit M. Virey, les phases climatériques on les périodes des années, des saisons, font parcourir les cycles vitaux de chaque espèce d'êtres, comme les révolutions se mesurent sur les roues des horloges; chacun a son heure sa durée, inscrite dans le cercle qui lui fut départi; les âges mènent à l'époque fatale par cette inévitable marche du temps, réglée en divers climats sous le soleil. »

CHAPITRE VI

L'ÉLECTRICITÉ

OBSERVATIONS GÉNÉRALES

Sur l'Électricité.

Certains corps, comme l'ambre, le verre, la résine, le soufre jouissent de la propriété d'attirer les corps légers qu'on leur présente, quand ils ont été frottés avec des étoffes de laine ou de drap. La cause de cette attraction a reçu le nom d'*électricité*. Tous les corps deviennent électriques par le frottement; ils sont partagés en deux classes : *corps conducteurs*, quand ils laissent circuler le fluide dans toute leur étendue, et *corps non conudcteurs* ou *isolants*, quand ils ne permettent pas à l'électricité dégagée en un point de passer ailleurs; nous citerons parmi les premiers l'or, le fer et les métaux, l'eau et le corps humain : le bois, le verre, la résine dans les seconds. — L'électricité se communique non-seulement *au contact*, mais encore *à distance*, et elle présente alors le phénomène de l'*étincelle électrique*.

L'électricité qui se manifeste dans les diverses expériences, n'est pas toujours de même espèce : ainsi, prenons deux petites balles de sureau supportées par des fils de soie (la soie ne conduit pas le fluide électrique), donnons à la première le fluide dégagé sur le verre, et à la seconde le fluide dégagé par la résine, nous verrons la première attirée par l'électricité de la résine et repoussée par celle du verre ; de même la seconde petite balle sera repoussée par l'électricité de la résine et attirée par celle du verre ; l'électricité dégagée dans le verre n'est donc pas *identique* à celle que dégage la résine, puisque chacune d'elles attire ce que l'autre repousse. On a donné le nom d'*électricité vitrée* ou *positive* à celle du verre, et celui de *résineuse* ou *négative* à celle de la résine. Ainsi nous admettons des fluides électriques qui se repoussent quand ils sont de même espèce et de même nom, et qui s'attirent quand ils sont d'espèce et de nom contraires. Nous admettons que la combinaison de ces deux fluides de nom contraire dans un même corps, donne l'*état naturel*. Ainsi, tout corps dans son *état ordinaire naturel* contient les deux fluides combinés ; une cause, par exemple le frottement, sépare ces deux fluides de telle sorte, que l'un se porte sur le corps frottant, l'autre sur le corps qui est alors électrisé.

Le frottement peut donner à un même corps l'un et l'autre des deux fluides électriques ; il suffit de quelques petits changements opérés dans la surface du corps frotté, ou dans la nature du corps frottant.

La pression, les acteurs chimiques et l'*influence* d'un corps électrisé, sont des sources d'électricité. Expliquons surtout la dernière.

Supposons un corps chargé d'électricité vitrée, placé près d'un conducteur métallique isolé à l'état naturel ; ce dernier donnera des signes d'électricité ; la partie la plus voisine du corps électrisé positivement sera électrisée négativement, et l'autre positivement. Si l'on vient à ôter le corps électrisé positivement, le conducteur retombe à l'état naturel : si l'on vient à toucher le conducteur métallique, le fluide repoussé s'écoule, et il reste chargé d'électricité de nom contraire à celle du corps. Tous ces faits se vérifient au moyen de la balance électrique de Coulomb et du plan d'épreuve.

POURQUOI

Pourquoi *ne doit-on pas conclure que la lumière électrique est sans chaleur, quoiqu'elle ne nous brûle pas?*

Parce que, dans un fort grand nombre de circonstances, l'électricité agit comme le feu et devient un agent chimique des plus puissants. Elle décompose l'eau, liquéfie le fer et l'acier, etc.

Pourquoi *le physicien qu'on voit quelquefois dans les Champs-Élysées se sert-il du pistolet de Volta pour attirer la foule?*

Parce que ce pistolet fait un bruit semblable à celui d'une arme à feu. Il se compose d'un petit vase en métal fermé par un bouchon de liége. Il est traversé du dedans au dehors par un fil de cuivre terminé par deux boules. On le remplit d'hydrogène et d'air, on présente la boule extérieure, à la machine électrique, l'étincelle part, détermine la combinaison du gaz hydrogène avec l'oxygène de l'air et le bouchon est lancé au loin par suite de la dilatation énorme causée par la température développée dans cette combinaison.

Pourquoi, *au moyen de l'électricité, peut-on obtenir le portrait d'une personne, en se servant d'une feuille d'or mise entre deux planches et reposant sur un carton découpé de manière à présenter le profil de cette personne?*

Parce que la feuille d'or est réduite en poudre par la décharge électrique. Elle laisse sur un ruban de soie, placé sous le carton, une empreinte brunâtre qui représente assez bien le portrait.

Pourquoi *l'étincelle électrique est-elle plus brillante dans le vide que dans l'air?*

Parce que la seule condition pour que l'étincelle parte, c'est que la tension de l'électricité puisse vaincre la pression de l'air. C'est pour cette raison que, dans les corps de formes angulaires, le fluide se dissipe spontanément en formant des *aigrettes* de lumière, qui brillent dans l'obscurité et dont les traits divergents ont quelquefois plusieurs pouces de longueur ; c'est sur cela qu'est basé le pouvoir des pointes.

Pourquoi, *au sein du même nuage, voit-on briller plusieurs éclairs?*

Parce que les vapeurs qui constituent les nuages ne sont pas des corps conducteurs comme les métaux, et ainsi il ne suffit pas de les mettre un instant en communication avec le sol, pour qu'ils se dégagent complétement ; il est donc impossible qu'une seule étincelle les remette à l'état naturel.

C'est aussi l'imparfaite conductibilité des nuages et la mobilité de leurs parties constituantes qui produisent la durée de l'éclair.

Pourquoi *peut-on dormir tranquillement près de la barre métallique qui doit conduire la foudre? Pourquoi peut-on sans danger diriger ce météore à travers des magasins de poudre?*

Parce qu'il n'y a rien à craindre si le paratonnerre n'offre point de solution de continuité; car l'électricité suit toujours les meilleurs conducteurs : ainsi on peut décharger une forte batterie électrique en tenant dans la main le conducteur métallique qui réunit ses deux armures. Il faut, pour qu'il n'y ait pas de danger, que la tige n'ait pas de solution de continuité; *Richter*, physicien russe, périt frappé par l'électricité qui jaillit sur son front pour n'avoir pas établi la communication.

Pourquoi *une machine électrique produit-elle une étincelle quand on la touche?*

Parce que cette machine se compose d'un plateau de verre qui est frotté continuellement par des espèces de tampons ou coussins recouverts d'une matière appelée *or mussif* (combinaison d'étain et de soufre). Ce frottement électrise le verre ; l'électricité du verre *décompose par influence*, l'électricité naturelle des conducteurs métalliques, repousse le fluide du même nom, attire le fluide du nom contraire vers des pointes qui terminent les conducteurs du côté du plateau ; ce fluide attiré s'écoule par ces pointes sur le plateau, neutralise l'électricité de ce dernier, de sorte que les conducteurs métalliques restent chargés de l'électricité ; si l'on vient ensuite à présenter le doigt, le fluide électrique des conducteurs jaillit sur les doigts et donne naissance à une aigrette lumineuse nommée *étincelle* électrique.

Pourquoi *le fluide électrique reste-t-il dans le conducteur jusqu'à ce qu'on le touche pour l'en faire jaillir?*

Parce que certains corps ont la propriété d'opposer une barrière à l'écoulement du fluide électrique. Le verre et l'air sont au nombre de ces corps. Voilà pourquoi on élève le conducteur sur des colonnes de cristal.

Pourquoi *ce fluide se nomme-t-il* électricité?

Parce qu'on a remarqué pour la première fois (600 ans avant J.-C.) qu'il se développait sur l'ambre, mot qui se traduit en grec par *élektron*. Cependant la cire à cacheter, le soufre, toutes les résines, le verre, acquièrent de l'électricité, si on les frotte avec un morceau de laine. Cet état se manifeste en ce que les substances ainsi frottées attirent les corps légers, comme la paille, les cheveux, les plumes, etc. De plus, si le frottement a lieu dans l'obscurité, les corps électrisés paraissent un peu lumineux.

Pourquoi, *lorsqu'on touche un corps électrisé, fait-on jaillir une étincelle?*

Parce que le fluide électrique tend sans cesse à se répandre également sur tous les corps; il s'élance donc rapidement, et pétille sous la forme d'une aigrette lumineuse, aussitôt qu'on touche du doigt un corps électrisé, c'est-à-dire sur lequel l'électricité est accumulée.

Pourquoi *la bouteille de Leyde donne-t-elle une commotion électrique?*

Parce que cette bouteille se compose d'une feuille d'étain (appelée *armature extérieure*), étendue sur la presque totalité de la partie extérieure de la bouteille et de corps conducteurs placés dans l'intérieur, et communiquant avec une tige de cuivre terminée par un bouton qui passe au travers du bouchon (cette seconde partie s'appelle *armature intérieure*).

Supposons que, tenant la bouteille par l'armature extérieure on vienne à mettre le bouton de cuivre en contact avec de l'électricité positive; cette dernière passe dans l'intérieur de la bouteille, *décompose par influence* l'électricité naturelle de l'armature extérieure, attire la négative et repousse la positive, l'électricité repoussée s'écoule par la main dans le sol, de sorte que la bouteille contient de l'électricité positive dans son intérieur et de la négative sur son armure d'étain; si donc on vient à toucher le bouton, les deux électricités se combinent et produisent la commotion.

Pourquoi *fait-on monter sur un tabouret, dont les pieds sont en cristal, une personne qu'on veut électriser?*

Parce que le cristal arrête le fluide et l'empêche de se rendre dans la terre, qui en est le réservoir commun. On pourrait monter aussi sur un gâteau de résine, car cette substance a également la propriété de retenir le fluide électrique. Si l'on ne prenait pas la précaution de se placer sur quelque objet de ce genre, que les physiciens nomment un *isoloir*, l'électricité passerait dans la terre à mesure qu'elle se développerait, et le corps, non isolé, n'en manifesterait pas la présence. Ceci explique pourquoi les corps conducteurs ne deviennent électriques par le frottement qu'autant qu'on place un isoloir entre le corps et la main qui le tient.

Pourquoi *l'électricité s'accumule-t-elle dans les nuages?*

Parce que ce fluide, développé naturellement par la chaleur, se rassemble dans les régions élevées de l'atmosphère, et se répand dans les nuages, où il est retenu par l'air qui l'entoure, et qui fait l'office d'un isoloir.

Pourquoi *l'électricité de l'atmosphère s'échappe-t-elle des nuages avec fracas, en produisant le tonnerre et la foudre?*

Parce que, quand un nuage est trop chargé d'électricité, le fluide surabondant rompt la barrière qui le retient, et se décharge, en pétillant avec fracas, soit dans l'air, soit sur les arbres ou sur quelques édifices, si le nuage en est assez rapproché. On conçoit que l'effet est d'autant plus imposant que la quantité de fluide est plus considérable.

Pourquoi *place-t-on sur les maisons des barres de fer pointues qu'on appelle paratonnerres?*

Parce que les pointes, et surtout les pointes métalliques, ont la propriété de laisser écouler le fluide électrique qui s'accumule à leur extrémité. De sorte qu'un nuage chargé d'électricité décompose par influence l'électricité de la terre, attire, par le moyen du conducteur du paratonnerre, l'électricité de nom contraire qui passe de la tige dans le nuage, afin de ramener ce dernier à l'état naturel. On doit l'invention du paratonnerre à un Anglo-Américain, nommé Franklin, dans le dix-huitième siècle.

Pourquoi *est-il dangereux de se réfugier sous un arbre pendant l'orage?*

Parce que les arbres, étant terminés en pointe, font l'effet de mauvais paratonnerres; et comme ils ne peuvent procurer un libre écoulement au fluide électrique que le nuage attire, ils peuvent occasionner une décharge sur ceux qui vont chercher un abri sous leur feuillage.

Pourquoi *n'a-t-on rien à craindre du tonnerre lorsqu'on est dans l'eau?*

Parce que le fluide électrique se laisse conduire si rapidement par l'eau, qu'il ne fait qu'effleurer les objets mouillés. En effet, le célèbre Franklin, dans ses expériences sur l'électricité, foudroyait, avec des machines électriques, un rat sec qui périssait aussitôt, tandis qu'un rat couvert d'eau, et soumis à la même épreuve, en sortait sain et sauf.

Pourquoi *ne doit-on pas sonner les cloches pour éloigner l'orage?*

Parce que les clochers, étant ordinairement élevés et pointus, attirent l'électricité de l'atmosphère, qu'on nomme le *tonnerre* ou la *foudre*. En secondl ieu, le mouvement produit dans l'air par le balancement des cloches détermine un courant qui attire le nuage électrique au lieude l'écarter. Ensuite, les cordes ayant une vertu assez conductrice, c'est-à-dire laissant circuler librement la foudre, communiquent le fluide aux imprudents sonneurs, qui périssent ainsi fort souvent victimes de leur ignorance.

Pourquoi *la pluie redouble-t-elle immédiatement après un coup de tonnerre?*

Parce que l'électricité, dont la décharge produit le tonnerre, en quittant le nuage où elle était concentrée, permet aux molécules d'eau qu'elle tenait séparées de se réunir, et les gouttes, devenues plus grosses, tombent par l'effet de leur pesanteur.

Pourquoi *voit-on quelquefois des éclairs sans entendre aucun coup de tonnerre?*

Parce que ces éclairs proviennent d'un orage fort éloigné; car la lueur d'un éclair qui naît à la hauteur d'une demi-lieue dans l'atmosphère peut s'apercevoir à la distance de 45 lieues; le bruit du tonnerre, au contraire, ne se propage que dans un rayon de 5 ou 6 lieues au plus.

Pourquoi *entend-on le plus souvent le tonnerre quelque temps après qu'on a vu l'éclair?*

Parce que la lumière, qui voyage avec une telle rapidité qu'elle parcourt 70 mille lieues par seconde, frappe nos yeux au moment même de l'explosion; mais le son ne parcourt guère que 340 mètres par seconde : il n'est donc pas étonnant que nous apercevions l'éclair avant d'entendre le coup, surtout si l'explosion s'opère à quelque distance de nous. On peut juger de l'éloignement du tonnerre par le temps qui s'écoule entre l'apparition de l'éclair et la perception du bruit. S'il se passe une seconde, c'est une preuve que nous sommes éloignés de 340 mètres du nuage électrique ; deux secondes indiqueraient une distance de 680 mètres ; et comme le pouls bat environ une fois par seconde, autant de fois le battement se renouvelle entre l'éclair et le coup, autant de fois on est éloigné de 340 mètres du lieu de l'explosion (*).

Pourquoi *la foudre fond-elle une épée dans le fourreau sans endommager le fourreau?*

Parce que l'électricité s'attache de préférence aux métaux, et, en les pénétrant, elle les réduit en poudre ou les volatilise. C'est ainsi qu'un homme, ayant été foudroyé, tomba par terre, soit par l'effet de la commotion, soit par suite de sa frayeur ; bientôt il se rassure et s'aperçoit qu'il n'a aucun mal. La foudre avait seulement attaqué sa bourse et fondu toutes les pièces de monnaie qu'elle renfermait.

Pourquoi *tombe-t-il de la grêle en plein été?*

Parce que la grêle, qui est de l'eau congelée, se forme au sein des nuages orageux. Imaginez, en effet, deux nuages placés au-dessus l'un de l'autre et chargés d'électricité différente. Puisque les électricités de nom contraire s'attirent, le nuage supérieur attire les globules liquides du nuage inférieur, qui les reçoit à son tour pour les renvoyer une seconde fois, en exécutant ainsi un certain nombre de fois ce mouvement de va-et-vient. Ces globules augmentent de volume, et, poussés par le vent à travers les couches atmosphériques, ils désolent le pays sur lequel ils tombent.

(*) Il faut environ 4,000 mètres pour faire une lieue.

Pourquoi *la grêle égale-t-elle quelquefois en grosseur une noix ou un œuf?*

Parce que plusieurs grains s'unissent ensemble en tombant, ou bien lorsqu'ils ont reçu un degré de froid suffisant, ils gèlent toutes les particules d'eau qu'ils touchent dans leur chute, et deviennent comme les noyaux de plusieurs couches de glace ; c'est pour cela que la grosse grêle est toujours fort anguleuse.

Pourquoi *les orages sont-ils plus fréquents dans les régions tropicales que dans les autres pays?*

Parce que l'électricité atmosphérique a pour origine l'évaporation des liquides et les phénomènes de la végétation ; dans les régions tropicales, l'évaporation des liquides est plus abondante, et la végétation est plus active que dans les autres pays.

CHAPITRE VII

GALVANISME

OBSERVATIONS GÉNÉRALES

Sur le Galvanisme.

En 1788, un professeur de Bologne, *Galvani,* faisant des recherches sur l'irritabilité nerveuse, reconnut qu'une grenouille, suspendue par la moelle épinière à un crochet en cuivre, éprouvait de violentes convulsions quand ses muscles touchaient un autre métal.

Galvani, qui cherchait alors un système sur un fluide vital, donna de ce phénomène une explication en rapport avec ses idées. Il pensa que les commotions de la grenouille étaient dues à un fluide qui avait son siége dans les nerfs, et que ce fluide, étant mis en communication avec les muscles par un autre corps, contractait les membres de la grenouille.

Cette découverte fit du bruit en Europe ; on s'empressa de la répéter ; on en varia les expériences, et toujours elle excitait l'admiration. Cependant Volta, professeur à Pavie, démontra par une série de belles expériences que le fluide qui produisait les commotions de la grenouille n'était ni dans les nerfs ni dans les muscles, mais bien dans les métaux ; que leur contact le développait, et que ce n'était que le fluide électrique ordinaire. Cette idée bien opposée à la première, est celle qui a prévalu comme étant la seule vraie.

Quant à cette force nouvelle qui s'exerce entre les substances de nature différente, et que le contact seul produit, on lui a donné le nom de *force électro-motrice.* Son effet est double : elle décompose les fluides naturels des deux substances mises en contact, et elle empêche la recomposition.

C'est sur l'électricité développée au contact des corps hétérogènes qu'est fondée la théorie de la *pile voltaïque.*

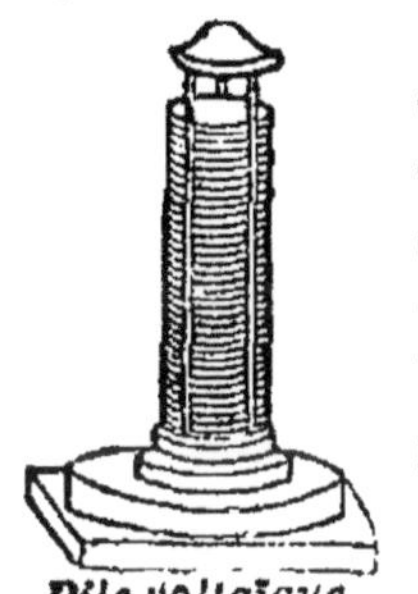

Pile voltaïque.

On la construit avec trois corps différents : deux sont métalliques, c'est ordinairement du cuivre et du zinc; le troisième est non métallique et bon conducteur de l'électricité. Ce dernier est tantôt une rondelle de drap ou de carton, imbibée d'eau contenant quelques parties d acide sulfurique ou nitrique; tantôt c'est la dissolution elle-même, ou un corps sec.

Le zinc forme les *éléments positifs* de la pile; le cuivre, les *éléments négatifs ;* deux éléments réunis ensemble composent un *couple ;* une pile est la réunion de plusieurs couples, sa force augmente avec le nombre. Elle liquéfie le fer et l'acier, qui brûlent alors avec un vif éclat; elle volatilise les feuilles d'or, décompose l'eau, les acides, les sels. Lorsqu'on fait communiquer les deux pôles d'une pile avec la main, il en résulte une commotion plus ou moins dangereuse. Si la pile était forte, elle pourrait donner la mort à un homme et même à un bœuf. Elle produit des mouvements extraordinaires sur les cadavres. On a observé qu'on pourrait aussi, dans un circuit composé de deux métaux différents, produire des *courants* semblables aux courants galvaniques, en chauffant la soudure de ces métaux ; ces courants sont appelés Thermo-Électriques.

POURQUOI

Pourquoi *deux lames de métaux de nature différente développent-elles de l'électricité par leur contact?*

Parce que, au contact de deux métaux de nature différente, comme au contact de deux substances quelconques hétérogènes, il y a production d'une force appelée *électro-motrice* qui décompose l'électricité naturelle des corps, et s'oppose à la recombinaison des électricités positive et négative après qu'elles ont été séparées.

Pourquoi *éprouve-t-on une commotion quand on tient entre ses mains les deux fils d'une pile?*

Parce que les fluides positifs et négatifs conduits par chacun de ces fils, se composent dans le corps de la personne qui les tient, et la commotion résulte de cette combinaison de deux fluides. On sait d'ailleurs que le corps humain est un bon conducteur de l'électricité.

Pourquoi *lorsque l'on plonge les pôles d'une pile dans de l'eau acidulée, cette eau se décompose-t-elle ?*

Parce que les deux éléments de l'eau, oxygène et hydrogène, ont des *affinités électriques* différentes ; l'oxygène est électro-négatif, il se porte au pôle positif ; l'hydrogène est électro-positif, il se porte au pôle négatif. Si l'on recueille les gaz qui s'y dégagent, on verra que le volume d'hydrogène est double de celui d'oxygène. Ainsi la pile donne un procédé pour faire l'analyse de l'eau.

—

CHAPITRE VIII

MAGNÉTISME

OBSERVATIONS GÉNÉRALES

Sur le Magnétisme.

Un aimant est un sesqui-oxyde naturel de fer (composé de fer et oxygène), et qui jouit de la propriété d'attirer quelques métaux, comme le fer, le nickel, le cobalt. La cause de cette attraction est attribuée à un fluide nommé *fluide magnétique* (magnés, aimant). Si l'on roule un aimant dans de la limaille de fer, on verra cette dernière s'attacher fortement en des points, et faiblement dans d'autres; les premiers sont appelés *pôles* magnétiques de l'aimant, les seconds forment la *ligne moyenne*. La terre peut être regardée comme un vaste aimant. Ses pôles géographiques seraient à peu près ses pôles magnétiques, et son équateur sa ligne moyenne. On peut communiquer les propriétés magnétiques à des corps que l'on nomme pour cette raison *aimants artificiels*, et auxquels on donne la forme de *barreaux* ou de parallélogrammes allongés nommés *aiguilles*. Il suffit, pour cela, de promener sur ces

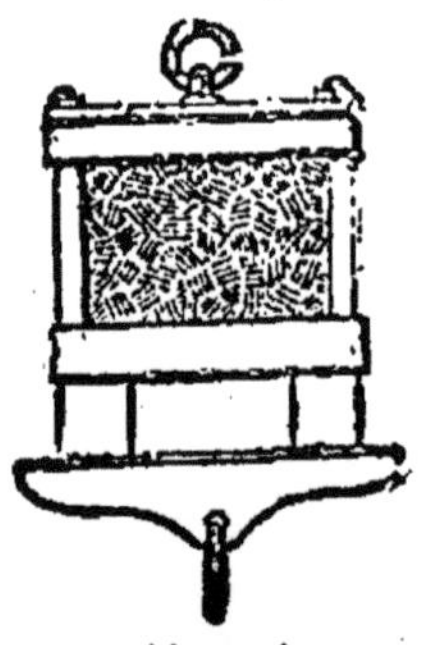

Aimant.

corps, plusieurs fois et toujours dans le même sens, un aimant puissant.

Les phénomènes magnétiques s'expliquent en admettant deux fluides. En effet, si on suspend deux petits barreaux aimantés ou deux aiguilles de manière qu'ils puissent tourner librement, on verra qu'un aimant repoussera l'une des extrémités et attirera l'autre; les fluides qui se trouvent dans chaque extrémité de l'aimant mobile ne sont donc pas identiques, puisqu'ils produisent des effets opposés sur un même aimant; de même le fluide magnétique répandu dans la terre n'est pas le même à ses deux pôles; nous l'appellerons fluide *boréal* ou *austral*, suivant qu'il sera dans l'hémisphère nord ou sud. On reconnaît, comme pour les fluides électriques, que les fluides magnétiques de même nom se repoussent, et que ceux de nom contraire s'attirent. Ce sera donc le pôle austral d'une aiguille aimantée qui se tournera vers le pôle boréal magnétique de la terre.

Cette dernière propriété de l'aiguille aimantée est très importante; les navigateurs s'en servent pour se diriger sur les mers, mais il faut bien se rappeler que ce n'est que dans quelques localités qu'elle se dirige rigoureusement vers le nord; car généralement la direction de cette aiguille, que l'on appelle Méridien magnétique, fait un angle avec la ligne qui va du nord au sud (méridien géographique). Cet angle, appelé *déclinaison* du lieu, varie non-seulement d'un lieu à un autre, mais aussi dans le même lieu.

Les fluides magnétiques ne peuvent jamais exister l'un sans l'autre; si l'on venait à casser un barreau aimanté, suivant la ligne moyenne, on aurait deux autres aimants présentant à leurs deux extrémités les deux fluides contraires; on a vu que l'on pouvait séparer les deux fluides électriques.

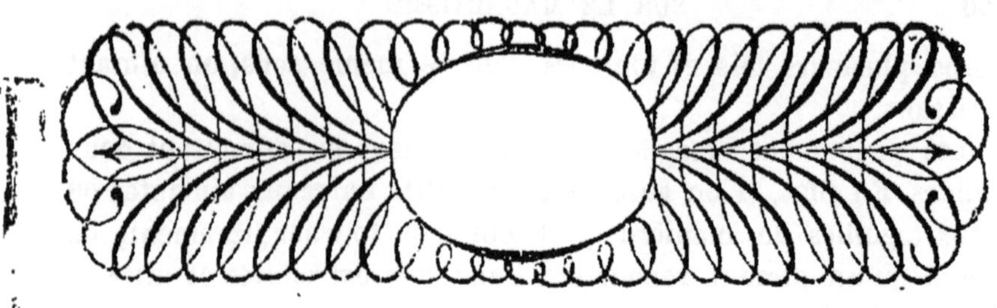

POURQUOI

Pourquoi, *lorsqu'on roule une aiguille aimantée dans la limaille de fer, cette limaille se dépose-t-elle aux deux extrémités, sous forme de petites houppes, l'épaisseur de la couche qu'elle forme allant en diminuant à mesure qu'elle approche de la partie moyenne de l'aiguille?*

Parce que c'est aux extrémités que l'aimant attire plus fortement le fer, et que l'attraction diminue en avançant vers le milieu, où elle est nulle. Cette partie de l'aimant s'appelle la *ligne moyenne*.

Pourquoi *un morceau de fer, attiré par un aimant et suspendu à celui-ci par une de ses extrémités, attire-t-il la limaille de fer?*

Parce qu'au contact il devient lui-même un aimant, et que, par conséquent, il doit avoir les mêmes propriétés que l'aimant qui le supporte.

Pourquoi, *lorsque l'on détache de l'aimant, le morceau de fer mentionné dans la question précédente, la limaille tombe-t-elle aussitôt?*

Parce que l'aimantation que le fer a acquise n'est que passagère, et que l'effet est détruit dès que la cause cesse.

Pourquoi *n'en est-il pas de même de l'acier?*

Parce que le fer acquiert par la trempe la propriété de conserver l'aimantation qu'il reçoit.

Pourquoi *a-t-on donné des noms différents aux deux pôles d'un aimant?*

Parce que l'un attire ce que l'autre repousse.

Pourquoi *les dénominations de pôle austral et de pôle boréal ont-elles été employées?*

Parce qu'on a voulu établir une analogie avec le magnétisme terrestre ou fluide magnétique de la terre : ainsi on appelle *fluide austral* celui qui se trouve au pôle austral de la terre, et *fluide boréal* celui qui domine au pôle boréal terrestre. Ensuite on a appelé pôle boréal, dans une aiguille, le pôle attiré par le pôle austral de la terre et repoussé par le boréal, et pôle austral de l'aiguille celui sur lequel les pôles terrestres agissent en sens contraire.

Pourquoi *lorsqu'un morceau de fer doux est suspendu au pôle austral d'un aimant, si on approche le pôle boréal d'un autre aimant, ce fer doux se détache-t-il du pôle austral du premier?*

Parce qu'il est attiré par le pôle austral de l'un, tandis que l'autre le repousse, et que ces deux actions égales et opposées se détruisent.

Pourquoi *lorsqu'on coupe un aimant par le milieu, obtient-on deux aimants ayant chacun deux pôles ?*

Parce que l'un des fluides ne peut jamais exister sans l'autre.

Pourquoi *une aiguille aimantée n'est-elle pas plus lourde que lorsqu'elle n'est pas aimantée, et pourqaoi, lorsqu'on la pose à la surface de l'eau, se tourne-t-elle dans un sens déterminé sans avancer ?*

Parce que le fluide magnétique est impondérable, et que chaque hémisphère de la terre agissant en sens contraire, ne peut imprimer aucun mouvement de translation, mais seulement un mouvement de rotation ; jusqu'à ce que l'aimant ait une position où les deux forces se contrebalancent, leur effet est nul.

Pourquoi *la boussole indique-t-elle la position du nord aux navigateurs pendant les jours ou les nuits nébuleuses ?*

Parce qu'une aiguille aimantée posée horizontalement sur un pivot, dirige l'un de ses pôles vers le nord et l'autre vers le sud. Cette aiguille, convenablement suspendue de manière à ce qu'elle reste toujours horizontale, malgré les mouvements du navire, a reçu le nom de Boussole ; elle a été découverte dans le XIIIe siècle par un Napolitain nommé Flavio di Gioja.

Pourquoi *l'aiguille d'une boussole peut-elle être quelquefois déviée, désaimantée ou aimantée en sens contraire ?*

Parce qu'une aiguille aimantée éprouve des dérangements ou *perturbations*, quand il survient des aurores boréales, des tremblements de terre, des éruptions de volcans ou des orages. La foudre peut renverser les pôles des aimants de sorte que l'on a vu des navires revenir au point de départ, croyant arriver à leur destination.

Pourquoi *est-il des précautions à prendre sur un vaisseau, pour que la boussole donne des indications vraies?*

Parce qu'une grande partie des pièces du vaisseau étant en fer, agissent sur l'aiguille, et pourraient la faire dévier de la direction que doit lui donner l'influence seule de la terre. L'appareil employé porte le nom de *compensateur magnétique.*

Pourquoi *peut-on dire qu'un vaisseau se dirige vers le nord, lorsque le pôle austral de l'aiguille de la boussole placé entre la poupe et la proue, se dirige vers la proue?*

Parce que le pôle austral de l'aiguille se dirige ordinairement vers le nord, et comme le vaisseau s'avance du côté où l'aiguille se dirige, il s'ensuit qu'il tend nécessairement vers le nord.

Pourquoi *lorsque le pôle boréal de l'aiguille se dirige vers la proue, peut-on dire qu'il va vers le sud?*

Parce qu'alors le vaisseau va du côté où se dirige le pôle boréal de l'aiguille, et que ce pôle indique la direction du sud.

Pourquoi *se sert-on des aimants artificiels?*

Parce qu'ils sont aussi énergiques que les aimants naturels, et qu'on peut leur donner une forme commode pour divers usages.

Pourquoi *un barreau de fer doux, maintenu dans une position parallèle à l'aiguille de déclinaison, s'aimante-t-il?*

Parce que la terre agit sur lui de même qu'un aimant agit sur le fer.

***Pourquoi** les charlatans peuvent-ils faire promener sur la surface de l'eau un petit cygne en fer auquel ils présentent un morceau de pain?*

Parce que dans le morceau de pain se trouve un aimant, et du fer dans le bec du cygne, et que l'aimant attire le fer.

***Pourquoi** a-t-on nouvellement employé l'électricité dans le télégraphe?*

Parce que le fluide électrique se propage instantanément à toute distance. L'appareil du *télégraphe électrique* se compose de fils d'archal supportés par des pieux le long de la voie, et qui servent de conducteurs. Les signaux se font à l'aide d'aiguilles magnétiques adaptées à un cadran sur lequel sont figurés les lettres de l'alphabet et d'autres signes. La transmission du fluide électrique par un petit appareil galvanique, fait prendre la même position aux aiguilles placées aux deux extrémités de la ligne, en sorte que le signe indiqué à l'une d'elles avec la main se répète naturellement à l'autre.

***Pourquoi** les outils d'un serrurier sont-ils aimantés?*

Parce que l'influence du globe terrestre seule peut aimanter les morceaux de fer placés dans une certaine position: quand l'ouvrier se sert de ses outils, il leur donne par hasard cette position, et les actions mécaniques, comme le choc, donnent une fixité au fluide magnétique.

FIN DES POURQUOI ET DES PARCE QUE.

PRONOSTICS

TIRÉS

DE L'ASPECT DU SOLEIL, DE LA LUNE

ET EN GÉNÉRAL

DES ÊTRES ORGANISÉS ET INORGANISÉS

MAUVAIS TEMPS.

L'économie de l'homme et des animaux est affectée sensiblement des variations de l'atmosphère dans son état de densité, d'humidité, de température, d'électricité.

A l'approche du mauvais temps, les rhumatismes, les anciennes blessures, les cors aux pieds renouvellent leurs douleurs.

Les animaux aquatiques s'élèvent sur leurs pattes, battent des ailes, poussent des cris et semblent se réjouir; les hirondelles volent très bas; les coqs chantent le soir à des heures inaccoutumées; les pigeons s'élèvent avec précipitation dans les airs; l'araignée fileuse des jardins ne suspend sa toile qu'à des fils très courts.

9.

VÉGÉTAUX.

Les feuilles des trèfles se redressent; la tête des chardons à foulon, suspendue au plancher d'un appartement, se serre et se ferme; les pédicules de plusieurs mousses éprouvent une torsion considérable.

DANS LES CORPS INANIMÉS ON REMARQUE :

Les sons lointains frappant mieux l'ouïe; l'humidité de tous les corps environnants; le gonflement du bois; l'odeur plus forte des fumiers; le feu languissant dans la cheminée; la flamme bleue; la fumée ne montant pas droit; la suie tombant dans le foyer.

PRONOSTICS

TIRÉS DE L'ASPECT DU SOLEIL.

Signe de beau temps : 1° quand le soleil, à son lever, est clair et brillant; 2° quand il se montre à son coucher d'une couleur dorée et rougeâtre dans un ciel pur.

Signe de pluie : quand les nuages disparaissent après le lever du soleil.

Signe d'orage : quand un cercle blanchâtre entoure le soleil, que le ciel est brumeux; sur mer, tempête ou ouragan.

Si les rayons du soleil percent les nues, en formant de longs faisceaux dans le ciel.

On dit vulgairement que *le soleil se baigne*, si, au lever du soleil, les rayons de cet astre paraissent à l'horizon avant son disque.

PRONOSTICS

TIRÉS DE L'ASPECT DE LA LUNE.

Le temps qui commence avec la lune est assez constant pendant une partie de sa révolution.

Si le quatrième jour de la lune les cornes sont nettes, on peut espérer le beau temps pendant quatre jours avant la pleine lune, et quelquefois pendant le mois ; si les cornes sont rouges ou entourées d'une rougeur pâle, on peut prédire du vent ou des ouragans ; si elles sont pâles ou émoussées, on peut prédire de la pluie.

Le disque clair de la lune annonce un temps pur, serein ; rouge, du vent ; taché, grande pluie, tempête.

Les vents qui arrivent aux nouvelles lunes et aux pleines lunes annoncent un changement de temps.

Quand la lune paraît plus grande qu'à l'ordinaire, quand elle paraît ovale, pâle, couverte d'un voile sombre et entourée d'une auréole, ce sont autant de signes de pluie.

Le cinquième jour de la lune est plus sujet aux tempêtes, suivant la remarque des marins.

Si, au quatrième jour de la lune, cet astre ayant toujours été caché par les nuages, il souffle un vent du sud, le temps sera mauvais pendant toute cette lune.

Quand la lune se refait dans l'eau,
Dans trois jours on aura du beau ;
Quand la lune se refait en beau,
Dans trois jours on aura de l'eau.

PRONOSTICS

POUR LE FROID.

C'est signe de froid :

1° Quand la flamme du foyer est vive ; quand le bois s'enflamme promptement et qu'il se noircit en charbon.

2° Quand les étoiles sont nombreuses, brillantes, et très scintillantes.

3° Quand les oiseaux se réunissent en troupes et s'approchent des habitatious.

4° Quand les mains sont sèches et ridées.

5° Quand la chute des feuilles est tardive.

6° Quand le cygne paraît dans nos climats,

PRONOSTICS

POUR LE VENT.

C'est signe de vent :

1° Quand on voit un grand nombre d'étoiles tombantes.

2° Quand l'horizon est couvert de zones parallèles.

3° Quand le soleil est rouge en se couchant.

4° Quand les nuages marchent avec grande vitesse.

5° Quand le soleil est pâle en se levant.

PRONOSTICS

POUR LA PLUIE.

Les pluies humectent la terre et y répandent la fraîcheur et la fécondité ; elles remplissent l'atmosphère de vapeurs aqueuses que les végétaux soutirent par leurs feuilles et par leur écorce. Ce n'est que par cette voie que se nourrissent les plantes des pays arides et sablonneux.

On doit regarder comme avant-coureurs de la pluie :

1° Les nuages grands, noirs, gris, étendus uniformément ou amoncelés comme des montagnes, des rochers entassés, des ruines.

2° Une petite nue, d'une couleur gris-foncé, qui se montre tout à coup dans les soirées d'été, sur un ciel clair.

3° Les pommelures ou temps pommelé, nappes floconneuses qui paraissent surtout au printemps.

4° Les nuages qui s'accumulent du côté opposé aux vents du sud et d'ouest, ou qui sont poussés par des vents opposés, comme le sont presque tous les nuages orageux.

Les nuages qui entourent les montagnes, ou qui se traînent sur leurs flancs en s'élevant vers le sommet.

Les nuages venant du sud, et ceux qui, opposés au soleil, présentent les couleurs de l'arc-en-ciel.

On dit ordinairement :

Quand il pleut le jour de Saint-Médard,
Il pleut quarante jours plus tard.
Quand il pleut le jour de Saint-Gervais,
Il pleut quarante jours après.

Ce dernier pronostic est plus sûr, *parce que* la fête de saint Gervais (19 juin) se rapproche du solstice qui arrive le 21, tandis que celle de saint Médard (8 juin) en est éloignée.

Les vents qui règnent aux deux solstices dominent pendant plusieurs mois, et c'est le vent qui amène la pluie.

PRONOSTICS

TIRÉS DE L'ARC-EN-CIEL.

L'arc-en-ciel du matin (à l'ouest) indique la pluie.

L'arc-en-ciel du matin,
Journée de pèlerin.

L'arc-en-ciel du soir (à l'est) indique le beau temps.

L'arc-en-ciel bien coloré et double, signe de pluie.

L'arc-en-ciel qui paraît plusieurs fois dans la journée, signe de pluies abondantes et continues.

L'arc-en-ciel après une grande sécheresse, signe de pluies abondantes.

Les nuages disposés en *couronnes*, et souvent teints des couleurs de l'arc-en-ciel, autour du soleil et de la lune, surtout au lever du premier de ces astres, sont des signes de pluies abondantes.

PRONOSTICS

POUR LES SAISONS.

Printemps pluvieux : beaucoup de foin, peu de blé.
Printemps chaud : fruits verreux.
Printemps froid : récolte tardive,
Printemps sec : été humide.
Hiver humide : printemps humide.
Été humide : automne serein.
Automne serein : printemps humide.

FIN DES PRONOSTICS.

COMPARAISONS MORALES

1° **Pourquoi** *les eaux de la mer, qui, depuis tant de siècles, fournissent de toutes parts le sel marin, ne s'en trouvent-elles pas épuisées, ni même appauvries?*

1° **Parce que** le sel qu'on extrait de la mer ne s'anéantit point; qu'il n'est que dispersé; qu'étant fixe, il ne peut se répandre à la surface de la terre ou s'y enfoncer peu profondément. Les eaux douces doivent nécessairement s'en charger dans leur route; or, comme toutes aboutissent à la mer, le sel qui en était sorti, y rentre continuellement; si ces eaux terrestres ne conservent pas moins leur douceur, c'est que la quantité qu'elles en portent est trop faible pour qu'elles s'en trouvent sensiblement affectées.

Ainsi, Dieu, sagesse, beauté, douceur, puissance infinie, reste toujours le même depuis le commencement du monde ; sa charité, bien qu'étendue sur tous les hommes, ne diminue point ; son amour, si souvent manifesté, n'éprouve aucune altération, ne se ralentit jamais, parce qu'il est fécond, inépuisable, immense ; parce que ses rayons vivifiants, ses trésors de grâce portent en nous des fruits salutaires, et que tout ce qu'il y a de vertu, de désintéressement, de grandeur, de vraie noblesse ici-bas, remonte incessamment vers lui comme à sa source, dans la prière, les sacrifices, les aumônes et les larmes.

2° **Pourquoi**, *quand on place sur la braise un tube de fer dont les deux extrémités sont bouchées avec des bouchons de liége, le bouchon part-il ?*

2° **Parce que** la chaleur a augmenté le volume d'air contenu dans le tube ; l'air, occupant ainsi un plus grand espace, chasse l'obstacle qui s'oppose à ce qu'il s'étende.

Ainsi, ce n'est guère qu'après de fortes commotions politiques, quand la terre s'est en quelque sorte ébranlée, qu'apparaissent les hommes de progrès, ces êtres à part qui fixent les regards de l'univers.

En temps de calme, chacun repose dans une sphère bornée ; le génie s'assoupit et se cache, ignorant de lui-même ; pendant les troubles, tout se remue, tout s'agite ; le sol est brûlant, les imaginations s'exaltent, les distinctions de rang et de fortune s'aplanissent et s'effacent. Obligé d'être quelque chose par soi-même, quand les titres ne comptent plus, on ose se montrer, on se sent fort de sa propre énergie, on grandit en raison des circonstances. Compagne inséparable de l'histoire, la littérature secouant alors sa vieille poussière, se relève brillante et radieuse. Les Croisades enfantent nos roubadours ; les guerres civiles de Florence donnent à l'Italie le Dante et Pétrarque ; la régence du duc d'Orléans, fatal mélange de grandeur et de dépravation, nous jette Voltaire ; la révolution, Gilbert et Chénier. L'écrivain n'est le plus souvent que l'écho, le résumé de son siècle : la grande époque fait le grand homme.

3° **Pourquoi** *le volume d'une éponge augmente-t-il dans l'eau?*

3° **Parce que** l'eau pénètre dans les pores de l'éponge; elle en écarte les molécules, et parvient ainsi à donner à ce corps un volume plus considérable. Ce phénomène est causé par la *porosité,* c'est-à-dire par la propriété qu'ont les corps d'avoir des espaces entre leurs molécules.

—

Ainsi, dans un temps qui n'est pas encore très éloigné de nous, l'éducation des femmes, presque nulle en France, se bornait à charger leur mémoire de mots qu'elles répétaient le plus souvent sans les comprendre. La superficie était ornée, et le dedans restait vide de réflexions et de pensée. Avec l'apparence de l'instruction, elles ne savaient rien ou presque rien. Une fois dépouillées de ce fatras d'expressions pompeuses qui leur étaient étrangères, de ces lambeaux d'histoire dont elles n'avaient saisi que la forme, leur ignorance paraissait dans tout son jour, et elles en venaient au point de se demander à elles-mêmes quel fruit elles avaient retiré de ces belles années de leur jeunesse, employées si tristement, si laborieusement, à d'arides études. Voilà où nous en étions, dans un siècle qu'on nommait cependant le siècle des lumières. Toute science aux hommes, rien aux femmes. — Les femmes en savent toujours assez, disait-on. — Oh ! détrompez-vous; plus l'esprit humain s'agrandit, plus aussi l'âme s'épure et se divinise. Et ne l'a-t-il pas bien compris celui qui, plus habile à lire dans le cœur humain, jeta en quelque sorte les fondements d'une civilisation nouvelle, en consacrant ses soins, ses veilles, ses talents, à l'instruction de cette partie de la société si négligée jusqu'alors, si heureuse aujourd'hui de l'avoir pour guide, et de répondre, autant qu'il est en elle, à sa tendre sollicitude!

4° **Pourquoi** *l'eau éteint-elle le feu?*

4° **Parce que** l'eau isole le corps enflammé du contact de l'air, le prive par conséquent d'*oxygène*, et que le feu s'éteint avant d'avoir pu décomposer l'eau.

—

O vous dont les passions, excitées à chaque instant, s'enflamment et s'irritent, vous que l'ambition dévore, jetez un regard en arrière; voyez le torrent qui vous entraîne, arrêtez-vous au bord de l'abîme! La Providence vient à votre aide, elle offre un abri dans la tempête, un dernier port de salut. Fuyez le monde, fuyez ses charmes; venez retremper votre âme dans la solitude; là seulement vous goûterez les joies pures et réelles de la vertu, la paix de la conscience, le bonheur de pouvoir vous estimer encore; et vous bénirez le ciel de vous arracher à la corruption, et d'éloigner de vous ces plaisirs bruyants et trompeurs qui s'évanouissent comme un songe, et ne laissent après eux qu'amertume et longs regrets.

5° **Pourquoi** *la pluie donne-t-elle plus d'activité à un incendie?*

5° **Parce que**, quand il pleut sur un édifice incendié, la chaleur réduit promptement en vapeur l'eau de la pluie et décompose cette vapeur; les deux éléments dont elle était formée se séparent : l'*hydrogène*, qui est combustible, fournit un aliment de plus à l'incendie, et l'*oxygène*, qui sert à la combustion, augmente l'activité du feu.

—

Ainsi, le malheur, loin d'abattre une âme grande et noble, ne fait que redoubler son énergie et sa vigueur; ce n'est qu'un aiguillon de plus qui la pousse à la gloire. Riche, l'homme de génie se serait amolli dans une vie de délices; les flatteries prodiguées à des œuvres peut-être imparfaites, auraient éteint, dès ses premières années, sa soif de renommée et d'illustration; fier d'une célébrité éphémère, il aurait laissé reposer sa muse sur des coussins de soie; mais pauvre, mais privé de tout, mais en butte aux injures et à la haine, quelles passions ne viennent pas l'agiter chaque jour et faire jaillir de son esprit de nouvelles étincelles! Il a la conscience de son génie, et les hommes le méconnaissent, et ils lui préfèrent les ignorants, qui n'échappent à l'oubli qu'à force de dissimulation et d'intrigue! Repoussé des grands, calomnié par ses rivaux, abandonné de tous, pourquoi écrit-il encore, le poète? pourquoi toute espérance, toute ardeur n'est-elle pas éteinte en lui? Oh! c'est qu'il a faim, c'est qu'il lui faut du pain!... Et il chante, lorsque de grosses larmes coulent de ses yeux et sillonnent son visage pâle et amaigri. Il chante, et les traits de la malignité dirigés contre lui seront désormais l'origine et la base de sa gloire; car il y a une justice dans le monde, et quand elle éclate, le génie est vengé : l'immortalité devient son partage.

6° **Pourquoi** *les objets renfermés avec des flacons d'essence sont-ils imprégnés de l'odeur qui s'en exhale?*

6° **Parce que** ce sont des molécules ou petites parties

déliées du parfum qui se sont dégagées du flacon et ont embaumé tous ces objets. Ce phénomène s'opère par la *divisibilité*, c'est-à-dire par la propriété que les corps ont de se diviser.

—

Ainsi, les idolâtres, touchés du dévouement et de l'inépuisable charité des chrétiens, adoucissaient leurs mœurs et les purifiaient à mesure que la bonne odeur de la vertu parvenait jusqu'à eux. Les apôtres n'allaient point, les armes à la main, imposer une religion nouvelle ; il ne fallait pas avec eux croire ou mourir ; mais la douce persuasion coulait de leurs lèvres ; Dieu se révélait dans leurs actions, et, malgré soi, l'on se sentait entraîné à les imiter et à les suivre.

7° **Pourquoi**, *dans la* chambre obscure, *tous les objets extérieurs viennent-ils se peindre sur un papier d'une manière renversée ?*

7° **Parce que** les corps lancent de tous côtés les rayons lumineux que le soleil fait tomber sur eux ; ces rayons se réfléchissent, emportent l'image de ces corps, et viennent la peindre au fond de l'œil ; mais, en s'y introduisant, ils se croisent et causent le renversement du tableau. La chambre obscure ressemble au-dedans de notre œil : l'ouverture du volet est la prunelle ; le cristallin répond au verre convexe, et enfin la rétine fait l'office du carton où l'on voit que la nature s'est peinte.

—

Ainsi, tout dans la nature parle à l'homme, tout lui prouve l'existence d'un Dieu, tout manifeste sa grandeur, et cependant, que d'hommes vivent sans y penser, que de merveilles passent inaperçues à leurs yeux ! ou s'ils les voient, que leur jugement est faux et incomplet ! A peine l'idée d'un Être suprême vient-elle luire à leur esprit qu'aussitôt mille idées terrestres l'en écartent. Un mouvement inespéré de la grâce pouvait les élever au-dessus d'eux-mêmes et leur ouvrir les cieux, et ils restent sourds à la grâce qui les appelle ; et le voile des passions obscurcit pour eux toutes les beautés divines qu'ils rejettent et méprisent. O mon Dieu ! ne nous avez-vous donc créés que pour vous méconnaître ? Non, vous ne l'avez pas voulu : à côté du mal vous avez placé le bien. S'il faut avouer que l'ignorance est un des attributs de l'humanité, la réflexion et la pensée en sont aussi le partage ; si le corps s'appesantit et se rabaisse vers la terre, l'âme a besoin de se nourrir de son Dieu. Et quand elle a compris sa dignité, quand l'instruction est venue en quelque sorte la polir et la compléter, tout désormais cède à sa puissance : les ténèbres qui nous environnent se dissipent, notre jugement se redresse, et nous pouvons alors nous faire une idée exacte des choses, parce que les lumières divines, ne rencontrant plus d'obstacles, arrivent pures jusqu'à nous.

8° **Pourquoi** *dit-on que la neige est utile à la terre ?*

8° **Parce que**, en la couvrant, elle préserve les blés de la gelée, en conservant le même degré de froid qui a été nécessaire pour la former, et qui est celui de la première congélation. La neige procure aussi à la terre une humidité qui se conserve plus longtemps que celle des pluies, parce qu'elle pénètre et s'insinue davantage en fondant, et se résolvant en eau. Mais c'est une erreur de croire que la neige engraisse la terre.

Quelque riche que soit un enfant, il est bon de l'habituer aux privations et au travail, parce que si la fortune cesse de lui sourire, il trouvera une ressource dans ses talents; si, au contraire, elle lui reste fidèle, il en fera un meilleur usage, en l'employant à soulager des misères qu'il aurait ignorées.

La mère, qui tient plus au bonheur de sa fille qu'aux jouissances d'amour-propre qu'elle ne manquerait pas d'obtenir dans les réunions bruyantes et frivoles, l'élève au sein de la retraite, lui insinue une morale pure, lui apprend à pratiquer la vertu plutôt par son exemple que par ses paroles. Sans cesse auprès d'elle, suivant ses moindres mouvements, elle forme à la fois son esprit et son cœur, et chacun des précentes qu'elle donne est religieusement observé, car la légèreté et la dissipation, si nuisibles à tout enseignement, ne viennent point détruire son ouvrage. Et, quand arrive enfin le jour où la douce jeune fille, toute radieuse d'innocence et de candeur, est introduite dans le monde, ses principes sont tellement arrêtés, son jugement si sain, qu'il n'y a rien à craindre pour elle. Après voir fait la joie de sa mère, elle devient le modèle de ses compagnes, l'ornement de la société, la bienfaitrice de tout ce qui souffre.

9° **Pourquoi** *voit-on des moisissures sur les confitures?*

9° **Parce que** ces confitures n'ont pas été cuites au point convenable;

Parce qu'elles n'ont pas été bien comprimées dans le pot;

Parce qu'elles ont été trop longtemps exposées à l'air avant d'être couvertes;

Parce que le papier qui les couvrait était trop mince;

Parce qu'elles n'étaient pas placées dans un endroit bien sec, exposé à la lumière et même au soleil.

Les moisissures sont des plantes qui appartiennent à la famille des champignons ; elles prennent la forme de petits filaments simples ou rameux, très délicats, et que le moindre souffle transporte ou altère. Les germes de la moisissure sont emportés par l'air sur les confitures qui ne réunissent pas toutes les qualités dont nous avions parlé ; ils y poussent et forment une espèce de croûte grise.

—

Lorsque la société nous présente des êtres dégradés, perdus de crimes, de dettes et de débauches, et qu'à ces êtres se rattachent un nom glorieux, une famille honorable, nous nous demandons comment tant de perversité a pu entrer dans leur cœur. Oh ! ce n'est pas l'ouvrage d'un jour ; quelque subtil que soit le venin de la corruption, il ne s'infiltre en nous que peu à peu. Un retour salutaire sur soi-même, une éducation bien dirigée, de sages conseils pourraient en arrêter les effets ; mais si l'on ne cherche pas à se corriger dans la jeunesse, le mal s'enracine, et il n'y a plus d'espoir. Charles IX s'était montré bon et généreux dans son enfance, la France avait droit d'attendre de lui un règne brillant, et cependant Charles IX surpassa en cruautés ses plus indignes prédécesseurs ; il égala presque Néron. C'est que, après avoir vu les Muses lui sourire au berceau, il avait vu aussi les discordes civiles éclater autour de lui ; il avait respiré la corruption dans les flatteries de ses courtisans, dans les caresses de son odieuse mère. Catherine s'était plu à l'encourager dans le vice, à noircir sa jeune âme. De téméraire qu'il était, elle avait habitué ses yeux au spectacle du sang, et, digne fils de cette marâtre, il finit par se repaître de celui de ses propres sujets à la fatale journée de la Saint-Barthélemy

—

10° **Pourquoi** *le serein est-il dangereux?*

10° **Parce que** les vapeurs qui se forment sont toujours imprégnées d'exhalaisons pernicieuses, surtout dans les lieux marécageux.

—

Autant la société d'un vieillard aimable et instruit peut nous être utile, autant nous devient pernicieuse celle d'un homme grossier et ignorant. Une longue carrière aurait dû lui donner de l'expérience : non ; il a traversé le sentier de la vie sans rien voir, sans rien juger ; les progrès des arts lui sont restés indifférents ; les évènements politiques ne lui ont apparu que sous un faux jour. Ennemi des lettres, il n'a jamais cherché en elles un refuge contre l'ennui qui le dévorait ; son âme s'est usée dans les soins matériels, les exigences du monde. Il est arrivé au soir de la vie sans avoir en rien profité des lumières de son siècle ; et maintenant qu'un monde futile l'abandonne, parce qu'il n'a plus ce qu'il faut pour lui plaire, il s'épuise en malédictions contre tout ce qui l'entoure ; il soupçonne partout le mal et l'injustice : ses discours envenimés ne tendent qu'à désenchanter la jeunesse, à la dégoûter de ses travaux, à ralentir son humeur belliqueuse ; il voudrait la rendre froide et inepte comme lui.

—

11° **Pourquoi** *les rivières ont-elles leur source au pied des montagnes?*

11° **Parce que** les montagnes, par leur élévation, attirent les nuages, présentent plus de surface aux pluies et aux brouillards, etc.

—

C'est ainsi que la vertu a sa source dans Dieu seul. Les bonnes qualités de l'homme, si elles ne sont pas épurées par l'amour de Dieu, et animées par son esprit saint, ne pourront jamais s'élever jusqu'à la vertu ni lui procurer la vie éternelle.

FIN.

NOMENCLATURE

ALPHABÉTIQUE ET RAISONNÉE

DES CHOSES LES PLUS USUELLES

Dans les Notions élémentaires de Physique, de Chimie et d'Histoire naturelle, servant de complément aux *Pourquoi* et *Parce que.*

ABSINTHE, plante vivace, croissant dans les lieux incultes et rocailleux ; exhalant une odeur aromatique, et servant à préparer la liqueur de table appelée *Extrait d'Absinthe suisse.*

ABSORPTION, pénétration d'un liquide ou d'un gaz dans une substance.

ACAJOU. Sorte de bois rougeâtre, et susceptible d'un beau poli, qu'on emploie dans l'ébénisterie, la tabletterie, et qui est fourni par un arbre de l'Amérique, le *Mahogon.*

ACIDES. Les acides sont en général des substances plus ou moins piquantes, qui ont la propriété de dissoudre les métaux, de former des sels avec les oxydes, et de rougir les couleurs végétales bleues.

Il y a des acides organiques et minéraux.

Les principaux sont les acides : *sulfurique* (huile de vitriol) *azotique* (eau forte), *chlorhydrique* (muriatique), *carbonique acétique* (vinaigre), *oxalique* (retiré de l'oseille), *tannique* (de l'écorce du chêne), *gallique* (de la noix de Galle), *tartrique* (crème de tartre) — (*Voyez chacun de ces mots.*)

ACÉTATES. Sels formés par la combinaison de l'acide acétique et des bases ; ils sont presque tous solubles ; la chaleur les décompose. Les principaux sont l'*acétate d'alumine*, employé dans la teinture, l'*acétate de cuivre* ou vert de gris, l'*acétate de plomb* (sucre de Saturne) qui sert à préparer l'eau de Goulard.

ACÉTIQUE (Acide). Nom chimique du vinaigre purifié ; l'oxygène de l'air transforme l'alcool du vin en acide acétique. C'est un liquide d'une odeur pénétrante, qui brûle facilement et entre en ébullition à 117°.

ACIER. Combinaison de fer et de 2 à 3 millièmes de charbon, d'un beau poli, pouvant devenir élastique, par la *trempe*, c'est-à-dire en le faisant refroidir subitement par son immersion dans l'eau après l'avoir fortement chauffé.

AÉROLITHES. Pierres tombées de l'atmosphère ; leur poids varie ; on en connaît qui pèsent jusqu'à 7,000 kilog. ; leur densité est de 31,5 ; elles contiennent du fer, du nickel, du cobalt, du soufre.

AFFINITÉ. Force en vertu de laquelle les molécules des corps se combinent ; l'affinité d'un corps pour un autre corps peut varier sous l'influence de plusieurs causes.

AFFINAGE. On a donné ce nom à un procédé qui consiste à séparer, par ce qu'on appelle *coupellation*, des métaux parfaits d'autres substances métalliques.

AGATES. Pierres dures et colorées, de peu de consistance, venant des Indes, de la Sicile, des bords du Rhin. La *Calcédoine* est blanc de lait, la *Cornaline* est rouge.

AGENT. On nomme ainsi toute substance qui a la propriété de produire une action chimique.

AIMANT (L') est un minerai composé de fer et d'oxygène (oxyde de fer), il jouit de la propiété magnétique, c'est-à-dire d'attirer la limaille de fer.

AIR. Fluide invisible, inodore, insipide, élastique et subtil : il entoure la terre d'une couche ayant environ vingt-cinq lieues de hauteur ; c'est l'*atmosphère*. L'air est composé d'oxygène, d'azote, de gaz carbonique et de vapeur. (*Voyez ces mots.*)

AIRAIN. Alliage de cuivre et d'étain. Le bronze ou airain des canons, des statues, se compose de 100 kil. de cuivre et de 11 d'étain. Celui des cloches contient trois fois plus d'étain.

ALAMBIC. On donne ce nom à plusieurs appareils employés pour les distillations. Un alambic se compose de trois parties : la *cucurbite*, vase qui contient le liquide à distiller; le *chapiteau*, large couvercle qui ferme la cucurbite et qui communique au *serpentin*, tuyau en spirale dans lequel se fait la condensation de la vapeur.

ALBATRE. Substance calcaire servant à faire des vases et des objets de luxe.

ALBUMINE. L'albumine est cette substance animale particulière qui forme le sérum du sang, le blanc d'œuf et autres composés. Cette substance, à la température de 65°, se coagule, c'est-à-dire se prend en masse insoluble dans l'eau. Elle sert à la clarification des sirops.

ALCALIS. Ce sont des substances particulières d'une saveur caustique, verdissant les couleurs végétales violettes. Leur union avec les acides donne des sels alcalins.

ALCALI VOLATIL. C'est par cette épithète qu'on distingue particulièrement l'un des alcalis, connu plus généralement aujourd'hui sous le nom d'*ammoniaque*.

ALCALIMÉTRIE. Opération qui a pour but de mesurer les quantités de potasse, de soude, contenues dans plusieurs produits du commerce qui portent les mêmes noms.

ALCARAZAS. Vases employés en Espagne pour rafraîchir l'eau, formés d'argile très poreuse.

ALCOOL. On appelle ainsi l'esprit de vin rectifié. C'est un liquide limpide, odoriférant, volatile, très inflammable, qui bout à 79° ; sa densité est de 0,8. Il sert à préparer des liqueurs, des vernis, et est employé comme combustible.

ALGAROTH (Poudre d'). Corps blanc, pulvérulent, obtenu en traitant par l'eau le chlorure d'antimoine. Il était appelé mercure de vie, et était employé comme émétique et purgatif.

ALIZARINE. Principe rouge retiré de la garance.

ALLIAGE. C'est ainsi qu'on désigne un mélange de deux ou plusieurs métaux, le mercure excepté.

ALLUMETTE. Brin de bois de lin ou de chanvre (paille ou chènevotte), soufré par les deux bouts et servant d'ordinaire à allumer des chandelles, bougies, etc.

Pour fabriquer des allumettes dites *oxygénées*, on soufre d'abord les brins de bois, puis on les trempe dans un mélange de soufre et de chlorate de potasse légèrement gommé; pour produire l'ignition, on plonge ces allumettes ainsi préparées dans un flacon contenant de l'amiante imprégnée d'acide sulfurique. Pour faire les *allumettes chimiques*, on forme avec du chlorate de potasse, une résine, du soufre, du phosphore, de l'eau et de la gomme, une pâte dans laquelle on plonge l'extrémité des allumettes ; on les fait sécher sur le sable, et on les enduit d'un vernis d'eau gommée.

ALLUVION. Par cette expression, on entend le sol qui a été formé par des dépôts, produits par la destruction des montagnes et l'amas de leurs molécules lavées et entraînées par des torrents d'eau.

ALUMINE. Substance terreuse, qui forme l'*argile* ou terre glaise; elle est ainsi appelée parce qu'elle est la base de l'*alun*. C'est l'alumine pulvérisée qui donne l'*émeril* (*voyez ce mot*), et la *lazulite*, à laquelle on doit la *couleur bleue*, connue sous le nom d'*outre-mer*. L'alumine pure est la base des pierres précieuses nommées *rubis*, *saphirs*.

ALUMINIUM. Métal très-dur ayant l'aspect de l'argent, mais plus terne que celui-ci. Il appartient à la seconde classe des métaux.

L'aluminium est plus léger que l'argent, et n'est pas attaqué, comme lui, par l'acide sulfhydrique. M. Sainte-Claire Deville a fait récemment d'importants travaux sur l'aluminium.

ALUN. Sel astringent formé par la combinaison de l'acide sulfurique avec l'alumine et la potasse. Si la potasse est remplacée par l'ammoniaque, on a l'alun ammoniacal; il sert dans la teinture.

AMADOU. Substance très inflammable faite avec un champignon large, coriace, croissant sur les arbres; on le coupe en tranches que l'on plonge dans une eau salpêtrée.

AMALGAME. C'est ainsi qu'on appelle une combinaison ou mélange de mercure avec tout autre métal.

AMBRE jaune ou succin, substance jaune retirée des sables de la mer Baltique, résineuse, brûlant avec flammes, devenant électrique par le frottement, et servant à fabriquer divers ornements. C'est la première substance dans laquelle on a reconnu que le frottement développe la propriété d'attirer les corps légers, tels que la sciure de bois, la moëlle du sureau et les barbes de plumes. Les anciens nommaient l'ambre jaune *électrum*, d'où est venu le mot électricité.

Thalès, savant et philosophe grec, a découvert cette propriété de l'ambre, 600 ans avant J.-C.

AMIANTE. Substance minérale se divisant en fils minces ayant l'apparence de la soie et pouvant être travaillés. Les tissus obtenus sont ininflammables parce que l'amiante n'éprouve aucune action de la part du feu.

AMIDON. Fécule qu'on retire particulièrement des pommes de terre, et qu'on fait sécher. L'amidon bouilli donne l'empois. C'est une substance blanche, sèche, pulvérulente (qui se réduit en poussière), inaltérable à l'air, insipide, insoluble dans l'eau froide et servant à faire une farine d'un grand usage.

AMMONIAC. Gaz incolore, d'une odeur vive, pénétrante, qui affecte les yeux, s'extrayant des matières animales (*Voyez sel ammoniac.*)

AMMONIAQUE. Solution aqueuse très-employée du gaz ammoniac; un volume d'eau retient 430 volumes du gaz ammoniac.

ANALYSE. C'est une opération qui consiste à réduire une substance à ses parties constituantes, afin de pouvoir en faire l'examen.

ANÉMOMÈTRE. Appareil servant à mesurer la force et la direction des vents.

ANGÉLIQUE. Plante ombellifère croissant sans culture dans les pays chauds; ses tiges, trempées dans l'eau bouillante et confites dans le sucre, se vendent sous le nom d'*angélique.*

ANIS. Plante ombellifère et odoriférante, qui porte une graine du même nom, dont on se sert en médecine, et dont on fait aussi de petites dragées et une liqueur qui porte son nom.

ANTHRACITE. Charbon renfermant 90 % de carbone pur; on le trouve dans la nature. Cette substance, très compacte, d'un noir brillant, dérive, comme la houille, de la matière ligneuse, par suite d'une décomposition particulière, mais de formation plus récente.

ANTIMOINE. Métal d'un gris bleuâtre fondant à 426°; mélangé avec le plomb, il forme l'alliage dont on se sert pour les caractères d'imprimerie.

ARBRE DE SATURNE. Cristallisation de plomb obtenue par la précipitation de ce métal. — L'*arbre de Diane* est une cristallisation d'argent obtenue par la précipitation de ce métal.

ARDOISE. Pierre qui peut se diviser en feuilles de quelques millimètres d'épaisseur; ces feuilles sont employées comme toitures et comme tableaux pour écrire; la principale mine d'ardoise de France est à Angers.

ARÉOMÈTRE. Instrument de verre ou de métal servant à faire connaitre la pesanteur spécifique des corps.

ARGENT. Métal blanc, brillant et très ductile, qui est le plus précieux après l'or et le platine. Monnayé, il offre l'alliage de 9/10 d'argent et 1/10 de cuivre, et sert de valeur représentative des objets.

ARGENTURE. Procédé pour appliquer une couche d'argent sur un autre métal. Les procédés pour l'argenture sont identiques à ceux pour la dorure; et nous renvoyons à ce mot.

ARGILE. Terre glaise composée d'alumine et de peroxyde de fer ; mêlée avec de l'eau et plus ou moins travaillée, elle forme les briques, les tuiles, les carreaux, la poterie, la faïence, la porcelaine.

ARROW-ROOT. Fécule extraite d'une plante d'Amérique, nommée Maranta.

ARSENIC. Corps simple métalloïde, d'une apparence métallique, se volatilisant avec odeur d'ail.

L'arsenic n'est pas un poison quand il est pur, mais on le confond quelquefois dans le langage vulgaire avec l'*acide arsénieux*.

ARSÉNIEUX (Acide). Composé d'oxygène et d'arsenic employé autrefois comme *mort aux rats*.

C'est un poison très énergique. Son antidote est la magnésie calcinée.

ASPHALTE. Bitume (matière inflammable) solide, compacte, noir et luisant, que l'on trouve à la surface de quelques lacs et particulièrement sur la *mer Morte*, ou lac Asphaltite, dans l'ancienne Judée.

ASSOLEMENT. Alternance dans les objets de culture d'un même terrain.

ATTRACTION. Force qui tend à réunir les parties de la matière.

AURORE BORÉALE. Météore brillant apparaissant dans les régions septentrionales du ciel, et qui occasionne quelques dérangements ou perturbations à l'aiguille aimantée.

AZOTATES (*Voyez ces mots*).

AZOTE. Gaz qui entre dans la composition de l'air atmosphérique, mais qui seul ne peut entretenir ni la respiration ni la combustion.

AZOTIQUE (Acide). Liquide limpide, corrosif, ayant une odeur spéciale, retirée du salpêtre. Il sert à dissoudre l'argent et la plupart des métaux.

BAROMÈTRE. On nomme ainsi un instrument qui indique la variation de pression de l'atmosphère, par l'ascension ou l'abaissement d'une colonne de mercure dans un tube de verre fixé sur une plaque graduée (*Voyez page* 13).

BARYTE ou OXYDE DE BARIUM. La baryte est blanche, très réfractaire, caustique et peu soluble dans l'eau.

BASANE. Peau de mouton tannée.

BALANCE. Appareil de physique destiné à donner la mesure des poids; la balance ordinaire se compose d'une tige appelée *fléau*, suspendue en son milieu, et supportant, à ses deux extrémités, des coupes ou bassins, destinés à recevoir, l'un la matière à peser, l'autre des poids connus. Il existe d'autres espèces de balances, entr'autres la *romaine*, qui n'exige qu'un seul poids, le *peson* qui n'en exige aucun, et les *balances à bascules*, destinées à peser les gros fardeaux et les voitures.

BALEINES. Petites tiges élastiques employées pour les ombrelles, parapluies, provenant des *fanons* ou lames serrées qui garnissent les mâchoires des baleines.

BARILLE. Nom donné à la soude dans le commerce.

BALLON. Enveloppe d'un grand volume renfermant un gaz plus léger que l'air, et par conséquent pouvant s'enlever dans l'atmosphère; l'invention des ballons est due à Montgolfier (5 juin 1783). Les principaux aéronautes sont Pilastre des Rosiers et le marquis d'Arlande (1783); Charles et Robert (1784) ; Gay-Lussac (1804), il s'éleva à 7,000 mètres (une lieue 3/4); Barral et Bixio (1850).

BASE. Terme ordinairement employé en chimie pour désigner une substance qui peut se combiner avec un acide. Le sel est le résultat de cette combinaison. Les principales *bases minérales* sont la potasse, la soude, l'ammoniaque, la chaux, etc.; les principales *bases organiques* sont la quinine, la cinchonine, etc.

BATTERIES ÉLECTRIQUES. Appareil de physique formé par la réunion de plusieurs bouteilles de Leyde et pouvant renfermer une grande quantité d'électricité. C'est avec les batteries électriques que l'on produit les effets analogues à ceux de la foudre.

BATISTE. Espèce de toile de lin très fine et d'un tissu très serré, portant le nom de Baptiste Cambrai (XIIIe siècle), son inventeur.

BAUME. On a donné ce nom à certaines substances résineuses qu'on obtient de quelques arbres par incision ; tels sont les baumes du Canada, de Tolu, etc., etc.

BENJOIN. Suc durci du *Styrax Benjoin* (arbre des îles de la Sonde), composé d'acide benzoïque, d'huile et de résine.

BETEL. Substance préparée avec les feuilles d'un poivrier, le *piper beltle*, de la noix d'arec (areca catechu, *voyez Cachou*), et un peu de chaux ; elle colore la salive, noircit les dents et balance l'action énervante de la chaleur dans les pays chauds.

BEURRE. Substance alimentaire formée avec la crème du lait ; on bat cette dernière afin de séparer le sérum ou petit lait ; le beurre se forme en grumeaux qu'on pétrit et qu'on lave; il faut à peu près 28 litres de lait pour un kil. de beurre.

BIÈRE. Boisson fermentée qui se fait généralement avec l'orge et le houblon; mais on peut l'obtenir avec les autres graines céréales.

BISMUTH. Métal cassant, d'une structure lamelleuse, cristallisé en cubes, fond à 247°, se rencontrant à l'état natif en Suède, en Bohême.

BITUME. Substance inflammable répandant une odeur aromatique et une épaisse fumée.

BLANC DE BALEINE. Substance qu'on obtient en comprimant une matière grasse, renfermée dans les cavités des os du crâne des grands cétacés.

BLENDE. Substance minérale, formée de zinc et de soufre, appelée en chimie sulfure de zinc.

BLEU DE PRUSSE. Matière d'un bleu foncé qu'on vend ordinairement sous la forme de petites masses faciles à pulvériser. — Le bleu de Prusse est un sel formé d'acide prussique et de peroxyde de fer.

BORAX ou BORATE DE SOUDE. Substance formée par la combinaison de l'acide borique avec la soude. Il se trouve à l'état naturel dans de petits lacs de la Toscane et du Thibet. Il est employé dans la soudure des métaux par les orfèvres.

BOUCHON. Fait avec l'écorce du chêne à liége, de la même nature que les semelles, les appareils de flottage, etc.

BOUGIE. Chandelle de cire. On a donné le nom de bougies stéariques à celles qui sont faites avec la partie soluble et épurée du suif.

BOUSSOLE. Appareil composé principalement d'une aiguille aimantée tournant librement sur un pivot et servant à reconnaître le nord. Elle fut employée en Europe vers le XIIe ou XIIIe siècle.

BOUTEILLES. Vases formés avec du sable, de la potasse, de la chaux. La coloration noirâtre est due à des oxydes métalliques qui se trouvent naturellement dans les matières employées.

BRIQUETS. Instruments destinés à dégager du feu. Le *briquet ordinaire* est un morceau d'acier que l'on frotte contre du silex, sur lequel on met un peu d'amadou ; la chaleur dégagée par la compression enflamme le fer et l'amadou. Le *briquet pneumatique* est un cylindre dans lequel se meut un piston portant un peu d'amadou que la compression de l'air allume. Le *briquet phosphorique* se compose d'une petite bouteille renfermant du phosphore et du sable fin ; une allumette soufrée, frottée sur la bouteille, prend feu.

BROME. Corps simple, liquide, découvert par M. Balard dans les eaux mères des marais salants ; il a une odeur infecte, et a des propriétés analogues au chlore et à l'iode.

On l'emploie pour le daguerréotype.

BRONZE (*Voyez Airain.*)

BUIS. Bois pesant, compacte, jaunâtre, provenant d'un arbrisseau de 5 à 5m 1/2 de hauteur, croissant dans les forêts, et employé pour outils, peignes.

CACHEMIRE. Tissu très fin fait avec le poil des chèvres ou des moutons du Thibet. Il y a aussi des cachemires français.

CACHOU. Substance sèche, légèrement amère, provenant du mélange des sucs extraits des gousses et du bois d'un acacia nommé *arecu catechu ;* elle renferme beauconp de tanin, est employée pour faire des pastilles qui parfument l'haleine.

CACAO. Fève du *cacaoyer,* — arbre américain qui ne croît que dans les vallées chaudes et humides des tropiques.

CAFÉ. Graine d'un petit arbre toujours vert, nommé cafier, qui croît ordinairement en *Arabie;* importé dans les colonies américaines par Descieux. Le café le plus renommé est celui de Moka, de la Martinique et de Bourbon. On n'a commencé à en prendre en France qu'au dix-septième siècle.

CALAMINE (carbonate de zinc.) Minerai d'où l'on extrait le zinc.

CALCAIRE. Dénomination qui s'applique à la craie, au marbre et à toutes les autres combinaisons de la chaux et d'un acide quelconque.

CALCINATION. On désigne par cette expression l'opération au moyen de laquelle on applique la chaleur à des substances salines, métalliques ou autres, en la réglant de manière à les dépouiller d'humidité, etc., et à les maintenir cependant sous forme pulvérulente.

CALOMEL. Substance composée de mercure et de chlore ; c'est le proto-chlorure de mercure ; on l'appelle mercure doux.

CALORIMÈTRE. C'est un instrument ou moyen duquel on peut déterminer la quantité de calorique dégagée de toute substance qu'on peut soumettre à l'expérience de cet appareil.

CALORIQUE. Agent subtil, impondérable, invisible, pénétrant tous les corps et en augmentant le volume. On appelle *calorique latent* celui qui est renfermé dans une substance et qui ne produit pas d'effet sur le thermomètre ; au contraire, *calorique libre*, celui qui agit d'une manière sensible sur le même instrument.

CAMPÊCHE. Arbre épineux du Mexique et des Antilles, à fleurs jaunes et odorantes ; on le hâche en petits morceaux que l'on fait bouillir dans l'eau ; la liqueur rouge ainsi obtenue sert à teindre en rouge cramosi.

CAMPHRE. Huile concrète que l'on retire d'un laurier du Japon. On appelle *camphre artificiel* la combinaison de l'essence de térébenthine et de l'acide chlorhydrique.

CANNELLE. Écorce des petits rameaux d'un laurier qui croît à Ceylan, en Chine et en Egypte ; elle a une odeur très agréable.

CANNES A SUCRE (arundo saccarifera). Plante de la famille des graminées, originaire d'Asie, cultivée dans les régions tropicales, s'élevant de 4 à 5 mètres, présentant des nœuds et une tige pleine qui donne, par la pression, un jus sucré.

CAOUTCHOUC. Substance visqueuse qui découlé de certains arbres, qui s'épaissit à l'air et qui est insoluble dans l'eau.— Cette substance se trouve dans les sucs de certaines plantes, comme le figuier, le pavot d'Orient. On l'extrait, en Amérique, de l'Hœva-Caoutchouc. On fait couler le sucre par une incision, et on l'applique par couches successives dans l'intérieur des moules pyriformes. — Le caoutchouc est insipide, soluble dans l'huile de Naphte, dans l'huile essentielle de goudron, dans l'essence de térébenthine et dans une huile qu'il donne quand on le distille.

CAPILLARITÉ. Terme dont on se sert pour exprimer l'ascension des liquides dans de très petits tubes. Cette ascension est due à une force particulière, connue sous le nom d'*attraction capillaire.*

CAPRES. Assaisonnements aux mets, obtenus en faisant confire dans le vinaigre les boutons des fleurs d'un arbuste, nommé *câprier*, originaire du Levant et cultivé en Italie.

CARAMEL. Substance noire ou d'un brun foncé, obtenue en chauffant le sucre jusqu'à 220°. Elle a la même composition que le sucre.

CARBONATE. On appelle ainsi les sels formés par la combinaison d'une base quelconque avec l'acide carbonique. Ainsi, il y a les carbonates de potasse, de magnésie, de soude, de plomb, d'ammoniaque. On appelle bi-carbonate le sel qui, par la même quantité de base, contient deux fois plus d'acide carbonique que le carbonate ; tels sont les bi-carbonates de potasse. Ils dégagent l'acide carbonique avec effervescence quand on les traite par un acide.

CARBONE. Corps simple non métallique, base du charbon, du diamant, etc. On rencontre, dans la nature et dans les arts, le charbon sous plusieurs états. *Le charbon de bois*, résultat de la calcination des bois; le *charbon animal*, résultat de la calcination des os des animaux; la *houille*, et enfin le *coke*, qui est le résultat de la distillation de la houille.

CARBONE (oxyde de). Gaz incolore qui se produit dans la combustion du bois et du charbon. — Il brûle avec une flamme bleue. — C'est à l'oxyde de carbone qu'on doit attribuer les lourdeurs de tête et les asphyxies que l'on constate chez les personnes qui ont eu l'imprudence de laisser brûler un brasier, la nuit, dans une chambre peu aérée.

CARBONIQUE. Acide gazeux formé de trois parties en poids de carbone pur et d'oxygène; il éteint les corps en combustion, asphyxie les animaux, *trouble* l'eau de chaux, c'est-à-dire donne à une solution incolore d'eau de chaux, une apparence laiteuse, se rencontrant, dans certaines localités (Grotte du Chien, à Naples,

Vallée de la Mort à Java), à l'état de pureté et dans un très grand nombre de combinaisons, pouvant se liquéfier et se solidifier.

CARMIN. Belle couleur rouge extraite de la cochenille, et une de celles qu'on appelle *laque.*

CARREAUX. Plaques hexagonales de terre mêlée de sable et d'argile, durcies par la cuisson et employées dans les appartements.

CASÉINE. Substance retirée par l'ébullition du lait écrémé, sous forme de flocons agglomérés ; elle est la base des fromages, et a même composition que l'albumine, c'est-à-dire 53 de carbone, 7 d'hydrogène, 15 d'azote, 25 d'oxygène.

CASSONNADE. Sucre qui n'a été raffiné qu'une fois.

CÉMENTATION. Procédé chimique qui consiste à entourer un corps, à l'état solide, de la poudre de quelques autres, et à exposer le tout, en vases clos, à un degré de chaleur qui ne suffit pas pour en opérer la fusion.

CÉRUSE (carbonate de plomb). Plomb uni à l'acide carbonique, sous l'action de l'air, de la chaleur et de l'acide acétique ; sa couleur est blanche. On se sert de la céruse dans la peinture à l'huile. Elle est remplacée aujourd'hui avec avantage par le carbonate de zinc (blanc de zinc), qui ne noircit pas, comme elle, sous l'influence des émanations sulfureuses.

CHALUMEAU. On appelle ainsi un instrument destiné à accroître, par un courant d'air, la flamme d'une lampe, d'une chandelle ou d'une bougie.

CHAMBRE OBSCURE ou **NOIRE.** Espèce de chambre dans laquelle on intercepte toute la lumière extérieure, pour y introduire ensuite des rayons solaires directs ou réfléchis, qu'on soumet à diverses analyses. On donne plus particulièrement ce nom à des instruments d'optique de formes très variées, à l'aide desquels on voit sur un papier blanc, ou sur un verre dépoli, une peinture exacte, mobile, et pour ainsi dire animée, de tous les objets extérieurs.

CHANDELLE. Petit flambeau de suif ou de quelque autre matière grasse.

CHANVRE. Plante urticée (famille de l'ortie), qui porte une graine oléagineuse (huile) appelée *chénevis*, et dont l'écorce sert à faire de la filasse employée spécialement dans la fabrication des grosses toiles, des cordes et des câbles.

CHARBON. On donne ce nom à ce qui reste après la combustion du bois en vaisseau clos; on donne aussi le nom de charbon au résidu de toute distillation à sec de matière animale ou végétale. (*Voyez carbone.*)

CHATOYANT. Terme dont les chimistes ont fait dernièrement un grand usage pour décrire la propriété qu'ont certaines substances métalliques et autres, de présenter des couleurs variées, suivant la manière dont on les tient, comme c'est le cas avec les plumes de quelques oiseaux, qui paraissent très différentes suivant qu'elles sont vues dans des positions diverses.

CHAUX. Ancien terme dont on s'était servi pour désigner un oxyde métallique pur. La pierre à chaux cuite dans des fours donne la chaux ainsi préparée, elle s'échauffe dans l'eau, s'y dissout, et forme une pâte fine et blanche qui, étant mêlée avec du sable et du ciment, forme le *mortier* dont on se sert dans les constructions de pierres et de briques. On appelle *chaux hydrauliques* celles qui font corps avec l'eau et s'y durcissent beaucoup.

CHLORATES. Sels formés par la combinaison de l'acide chlorique avec une base quelconque. Le plus remarquable est le chlorate de potasse, corps très inflammable, et qui entre dans la fabrication des allumettes chimiques et oxygénées.

CHLORE. Gaz jaune verdâtre et soluble dans l'eau; on se sert du chlore pour désinfecter, blanchir les étoffes et colorer. On retire le chlore du sel marin ou de l'acide chlorhydrique.

CHLORHYDRIQUE (acide). Gaz incolore, d'une odeur suffocante, *fumant* à l'air. Un volume d'eau dissout 464 volumes de ce gaz. Cette solution est très employée en chimie. Cet acide se retire du sel marin traité par l'acide sulfurique; il se compose de volumes égaux d'hydrogène et de chlore.

CHLOROFORME. Liquide oléagineux, incolore, d'une odeur spéciale, entrant en ébullition à 60°, ne s'enflammant pas directement. On le prépare en distillant de l'alcool avec de l'hypochlorite de chaux (combinaison d'acide hypochloreux et de chaux). Découvert par Soubeiran en 183!, il fut étudié par MM. Liehbig et Dumas. Le docteur Simpson, d'Edimbourg, en novembre 1847, découvrit la propriété qu'a sa vapeur, mêlée à l'air, d'amener un état d'insensibilité complète.

CHLORURES. Ce sont des corps composés, formés par l'union chimique d'une substance quelconque avec le chlore. On distingue parmi eux : le *chlorure de calcium* qui est employé comme matière desséchante : le *chlorure de sodium*, ou sel marin; le *bi-chlorure de mercure*, ou sublimé corrosif.

CHOCOLAT. Pâte alimentaire préparée avec les amandes du *cacao*, du sucre, et souvent quelques aromates.

CHRYSOCALE. Sorte de composition métallique qui imite l'or. Le cuivre et le zinc sont les deux métaux principaux qui entrent dans cette composition.

CHROMATES Sels formés par la combinaison d'une base quelconque avec l'acide chromique (combinaison d'oxygène et d'un métal nommé *chrome*). Le chromate de potasse est employé comme rongeur dans les fabriques de toiles peintes.

CIDRE. Boisson faite avec des pommes; on gaule les petites pommes en septembre ou octobre; on les écrase avec une meule et on a le *gros cidre ;* la pulpe de ces pommes, soumises à la pression, donne un jus qui, mélangé avec l'eau, forme le *petit cidre* susceptible d'être conservé longtemps. Sa couleur jaune rougeâtre est exaltée souvent par l'addition d'une certaine quantité de garance. Quand le cidre est mis en bouteille avant que la fermentation n'ait parcouru ses périodes, il revêt, pour ainsi dire, les apparences du vin de Champagne, et ne peut être alors d'un usage ordinaire.

CIERGE. Grande bougie de cire obtenue en versant de la cire fondue sur une mèche de coton attachée à la partie supérieure et animée d'un mouvement de rotation.

CIMENT. Mélange de chaux, de sable et de terre cuite réduite en poussière. Le *ciment romain* provient des pierres de Pouilly (Côte-d'Or), de Vassy (Yonne), qui renferment de la chaux hydraulique.

CINABRE. Le cinabre est un composé rouge de soufre et de mercure (bi-sulfure de mercure), employé en peinture parce qu'il s'allie très bien aux corps gras. Il s'appelle vermillon.

CIRAGE. Liquide destiné à donner un vernis à la chaussure, composé d'eau, de noir d'ivoire, de gomme, d'huile, d'acide et de mélasse.

CIRE. Matière molle, très fusible et ordinairement jaunâtre, avec laquelle les abeilles construisent les gâteaux de leurs ruches, et qu'on emploie à différents usages dans les arts et dans l'économie domestique.

CLOCHES DE PLONGEUR. Vase en fer ou fonte garnie de vitraux fermés de toutes parts, excepté à la partie inférieure, et destiné à exécuter des travaux au fond de l'eau. On renouvelle l'air par des tuyaux communiquant à l'atmosphère.

COBALT. Métal dur et friable, ordinairement combiné avec l'arsenic, et dont l'oxyde à la propriété de donner au verre une couleur bleue.

COCHENILLE. Couleur écarlate retirée d'un insecte qui vit sur une plante du Mexique nommée le Nopal ; on râcle la plante afin de recueillir ces insectes, et on les fait périr par la chaleur.

COHÉSION. C'est ainsi qu'on a désigné la force inhérente dans les molécules de tous les corps, force qui s'oppose à ce que tous les corps tombent en morceaux.

COKE. Charbon de terre dégagé, par la distillation, des substances fluides et gazeuses qu'il contenait.

COLCOTHAR. Péroxyde de fer obtenu par la calcination du sulfate de fer, et employé dans la fabrication des crayons rouges, et connu sous le nom de *rouge d'Angleterre.*

COLLE. Farine bouillie dans l'eau.

COLOPHANE. Résine qui provient de la coloration de la térébenthine par le vinaigre, et réduite à la consistance dure, brune, cassante. Cette substance est originaire de *Colophon*, en Carie (Asie Mineure).

COLZA. Espèce de chou cultivée dans nos départements du nord. La graine donne une huile très employée; le tourteau restant sert de nourriture aux bestiaux.

COMBUSTIBLE. Susceptible de combustion.

COMBUSTION. Dégagement simultané de chaleur et de lumière plus ou moins énergique dans un corps quelconque, résultant de l'action chimique de plusieurs substances en contact.

CONCENTRATION. C'est le moyen d'augmenter la pesanteur spécifique des corps. On applique ordinairement cette expression aux liquides auxquels on donne de la force, en évaporant une portion de l'eau qu'ils contiennent.

CONDENSATION. On appelle ainsi l'acte par lequel on force, par la pression ou par le froid, les parties constituantes d'une vapeur ou d'un gaz, de se rapprocher de plus près entre elles. C'est ainsi que l'air atmosphérique peut être condensé par pression, et la vapeur aqueuse, par la soustraction de son calorique, jusqu'à ce qu'elle soit convertie en eau.

CORAIL. Production marine pierreuse, et calcaire, qui a la forme d'un arbuste plus ou moins rameux et qui sert d'habitation à certains polypes.

CORDES D'INSTRUMENTS DE MUSIQUE. Faites de fils de boyaux ou de métal; les intestins de chat servent à faire des cordes de violon et notamment des chanterelles.

CORDE ORDINAIRE. Tortis fait ordinairement de chanvre et quelquefois de coton, de laine, de soie, d'écorces d'arbres, de poils, de crin, de jonc, et d'autres matières pliantes et flexibles.

CORNUE (*Voyez Retorte*).

CORPS SIMPLES. On appelle corps simples ceux qui ne renferment que des parties de même nature. Ils sont au nombre de 64 aujourd'hui, et se partagent en deux classes : les *métaux* et les *métalloïdes* ou corps non métalliques; les métaux sont les corps qui, comme le fer, le plomb, l'or, sont doués d'un éclat particulier, conducteurs de l'électricité, et avec l'oxygène donnent généralement naissance à unoxyde : les *métalloïdes* sont ceux qui n'ont pas les propriétés précédentes et qui, avec l'oxygène, forment des acides.

COTON. Espèce de duvet, qui entoure les graines d'un arbuste originaire d'Asie et qu'on appelle *cotonnier;* ses feuilles sont jaunes ou pourpres. Manufacturé, le coton porte les noms de *calicot*, *percale*, *mousseline* lorsqu'il est blanc, et de *toiles peintes*, *indiennes* lorsque des couleurs y ont été imprimées.

COULEURS. Les couleurs retirées du règne minéral sont : le *Blanc de plomb* ou *Céruse*, le *Cinabre*, le *Minium*, le *Vert de sheele*, l'*Outre-Mer*. Les couleurs retirées du règne végétal sont : la *Garance*, le *Campêche*, l'*Orseille*, l'*Indigo*, le *Curcuma*, le *Safran*, la *Gomme gutte*, le *Noir de fumée*. Les couleurs retirées du règne animal sont : le *Carmin*, la *Cochenille*, le *Bleu de Prusse*. (*Voyez chacun de ces mots*.)

COUPELLE. Vases formés avec des os que l'on calcine, lavés et broyés, et qui sont employés lorsque l'on veut retirer l'argent pur d'un de ses alliages.

COUPEROSE. Nom ancien donné à plusieurs sulfates : l'industrie emploie la couperose *bleue* (sulfate de cuivre), la couperose *verte* (sulfate de fer), la couperose *blanche* (sulfate de zinc).

CRAIE. Formée d'acide carbonique et de chaux. Les chimistes lui donnent le nom de *carbonate de chaux*. Cette pierre blanche, tendre et calcaire, sert particulièrement à marquer et à extraire la chaux.

CRAYON D'ESQUISSE OU FUSAIN. Bois d'un petit arbrisseau nommé *fusain*, qui vient naturellement le long des haies, et réduit en charbon.

CRAYON NOIR. Petit prisme formé d'un mélange de noir de fumée et d'argile que l'on comprime avant de le mettre dans un moule. Employé en dessin.

CRAYON MINE DE PLOMB. Composé presque tout de charbon et d'un peu de fer ; le nom de *plombagine* qu'on lui donne quelquefois fait croire souvent qu'il y entre du plomb ; on taille la plombagine en filets carrés que l'on met dans un étui en bois.

CRAYON ROUGE. Il se fait avec l'*ocre,* terre ferrugineuse ; c'est du sesqui-oxyde de fer (*Voyez colcothar*).

CRÈME DE TARTRE. Substance blanche produit de la cristallisation des matières qui se déposent dans les tonneaux où l'on conserve le vin ; il est employé en médecine et à la préparation de l'acide tartrique et de l'émétique.

CRÉOSOTE. Liquide huileux d'une odeur persistante et très désagréable ; retiré de la distillation de l'eau de goudron et du vinaigre de bois ; il bout à 203°, coagule l'albumine, ce qui le fait employer comme antiputride.

CREUSETS. Ce sont des vaisseaux d'un usage indispensable en chimie pour les diverses opérations de fusion à l'aide de la chaleur. On les fait en terre cuite ou en métal, particulièrement en platine, en argent et en fer, sous la forme d'un cône renversé.

CRISTAL. C'est un verre dans la composition duquel on a ajouté une certaine quantité d'oxyde de plomb, ce qui lui donne du poids.

CRISTALLISATION. C'est une opération de la nature ou de l'art, par suite de laquelle des substances passent de l'état fluide à l'état solide, en prenant certaines figures géométriques déterminées, appelées cristaux.

CUIR. Peau de bœuf, cheval, veau, vache, rendue imputrescible par le tannage, c'est-à-dire par la combinaison de la gélatine contenue dans cette substance avec le tanin (*Voyez ce mot*) ; la tanate de gélatine est insoluble dans l'eau.

CUIVRE. Métal jaune rougeâtre, très ductile et malléable ; sa densité est de 8, 8 ; il fond à 27°, il se rencontre dans la nature à l'état de sulfate et de carbonate. Il sert à préparer un grand nombre d'alliages.

CURCUMA. Arbre des Indes, dont la racine, réduite en poudre, donne une couleur jaune très employée dans l'industrie ; cette couleur devient rouge sous l'action d'un alcali.

CUVES. On a donné ce nom, en chimie, à de grands vaisseaux, généralement en bois, destinés à faire des infusions, etc.

CYANOGÈNE. Gaz formé de carbonate et d'azote, qui brûle avec une flamme purpurine caractéristique ; combiné avec l'hydrogène il forme l'acide cyanhydrique ou prussique qui est le poison le plus rapide que l'on connaisse.

DAGUERRÉOTYPE. Procédé découvert par Nièpce et Daguerre en 1840, pour fixer les images de la Chambre Noire ; ces dernières sont reçues sur une plaque de cuivre argentée et soumise à l'évaporation de l'iode ; l'iodure d'argent qui se forme change de couleur sous l'influence des rayons solaires.

DÉCLINAISON. Angle formé par l'aiguille aimantée avec le méridien géographique du lieu de l'observation. Cet angle varie suivant les localités et dans un même lieu avec le temps ; il est aujourd'hui à Paris 22° occidental.

DÉCOCTION. Opération qui consiste à enlever avec l'eau bouillante certains principes de végétaux.

DÉCOMPOSITION. On appelle ainsi la séparation, par des moyens chimiques, des principes constituants des corps composés.

DÉCRÉPITATION. Bruit produit par plusieurs sels soumis à l'action de la chaleur. Ces sels sont dits crépitants.

DÉLIQUESCENT. Un corps est déliquescent quand il absorbe la vapeur d'eau répandue dans l'air et qu'il s'y dissout. Ces corps sont employés pour dessécher l'air et les gaz humides.

DENSITÉ. La densité d'un corps est le rapport entre les masses de volumes égaux d'un corps et d'eau distillée (*Voyez Pesanteur spécifique*.)

DENTELLE. Sorte de passement à jour et à mailles très fines, soit d'or, d'argent, de soie ou de fil. On l'appelle ainsi parce que les premières qu'on fit étaient dentelées.

DÉPART. Séparation de l'or, par précipitation et à l'aide de réactifs, d'une dissolution dans laquelle il était mêlé avec de l'argent.

DÉSOXYDATION. On se sert de ce terme pour exprimer l'acte par lequel une substance enlève à une autre son oxygène.

DÉTONATION. C'est une explosion avec bruit.

DIAMANT. *C'est du charbon parfaitement pur, et qui brûle sans laisser le moindre résidu, quand on l'expose à une très-grande chaleur.*

C'est le corps le plus dur que nous connaissions; il raie tout et coupe le verre ; c'est là son véritable caractère essentiel, celui qui le distingue nettement de toutes les autres pierres fines, et des compositions qui imitent si bien sa teinte et son brillant éclat.

Le principal emploi du diamant est de servir à la parure; mais sa poussière sert à percer les agates, le cristal de roche, et les plus petits sont montés sur de l'étain et servent à couper le verre. Il y a des diamants colorés, mais le plus estimé est le blanc. Dans son état naturel le diamant ressemble à un grain de sable grisâtre et huileux : par conséquent ce n'est que son extrême dureté qui a pu le faire choisir pour parure dans l'antiquité. Ce n'est qu'en 1476 qu'un Flamand de Bruges, nommé Louis de Berguen, trouva par hasard la manière de le tailler et de le polir avec la propre poussière de cette pierre qu'on appelle *égrisée*. Charles-le-Téméraire posséda le premier diamant poli. On dit que le diamant est d'une *belle eau*, quand il est limpide et incolore.

Les premiers diamants connus ont été apportés des Grandes-Indes, et surtout des royaumes de Golconde et de Visapour; il s'en trouvait encore au Mongol et à l'île de Bornéo. Aujourd'hui c'est à Madanya, district de Sierro-do-Frio dans le Brésil, qu'on en exploite le plus (*Voyez Karat*).

DIASTASE. Matière retirée de l'orge germée et jouant le rôle de ferment, c'est-à-dire pouvant transformer la fécule en sucre.

DILATATION. Augmentation que les corps éprouvent de la part du calorique; les corps gazeux se dilatent plus que les liquides, et ceux-ci plus que les solides.

DISTILLATION. C'est un procédé au moyen duquel on sépare les parties volatiles d'une substance de celles qui sont fixes (*Voyez Alambic*).

DOCIMASIE. On nomme ainsi l'art qui consiste dans l'essai des métaux.

DORURE. Procédé pour appliquer une couche d'or sur un autre métal. Il y a trois procédés pour dorer : la *dorure au mercure*, qui se fait en trempant le métal bien propre dans un amalgame d'or, la *dorure au trempé* qui s'opère en trempant le métal dans une dissolution d'or ; la *dorure galvanique* s'obtient en suspendant le métal au pôle négatif d'une pile dont le pôle positif plonge dans une dissolution d'or contenant le métal.

DUCTILITÉ. C'est le terme par lequel on désigne la propriété dont jouissent certains corps de pouvoir être tirés en fils de plus en plus fins sans se rompre. Les métaux les plus ductiles sont le platine, l'or, l'argent et le fer.

DUVET. Sorte de plume courte, molle et frisée qui garnit quelques parties du corps de certains oiseaux, tels que les cygnes, les oies. Les oreillers sont faits ordinairement de duvet.

DYNAMOMÈTRE. Instrument servant à mesurer une force mécanique.

EAU. (*Voyez dans les Pourquoi*.

EAU DE COLOGNE. Faite le plus souvent avec de l'alcool, de l'essence de bergamote, de romarin, de lavande, de néroli (essence de fleurs d'oranger.)

EAU DE JAVELLE. Liquide janâtre, d'une odeur âcre, qu'on obtient en faisant arriver du chlore dans de l'eau tenant en dissolution le tiers de son poids de carbonate de potasse du commerce ; employée pour blanchir à cause du chlore qu'il dégage.

EAU DE VIE. Liquide obtenu en distillant l'esprit de vin, et composé d'alcool et d'eau que l'alcool entraine ; on le colore avec des copeaux de chêne, on l'aromatise avec la vanille, l'anis, la fleur d'oranger. Les principales fabriques d'eau-de-vie sont à Montpellier, Cognac, Orléans. On donne le nom de *Rhum* à l'eau-de-vie faite avec le liquide fermenté du jus de canne ; de *Rack* à l'eau-de-vie faite ave le liquide fermenté du riz ; de *Khirch-Wasser* à l'eau-de-vie faite avec le vin de cerises écrasées.

EAU MÈRE. On désigne ainsi l'eau surnageant à la cristallisation des sels, ou qui reste après que tous les cristaux, qu'une substance cristallisable peut produire, ont été formés. On donne particulièrement en Angleterre le nom de *bitterne* à l'eau mer du sel marin. Elle contient en général du sulfate de magnésie et une petite portion de sulfate de soude.

EAUX MINÉRALES. Cette dénomination s'applique à celles des eaux naturelles qui sont imprégnées de minéraux ou autres substances.

Elles sont *froides* ou *thermales* suivant que leur température est égale ou supérieure à celle des sources ordinaires. On partage les eaux minérales en : EAUX GAZEUSES (carbonate de soude et gaz acide carbonique) ; 1° *froides :* Seltz (Bas-Rhin), Bar, Saint-Myon (Puy-de-Dôme), Pougues (Nièvre) ; 2° *thermales :* Mont-d'Or (Puy-de-Dôme, 48°), Vichy (Allier, 38°) : EAUX SALINES ; *froides :* eau de mer, Sedlitz (Bohême), Epsom (à sept lieues de Londres) ; *thermales :* Balaruc (Hérault, 47°), Bourbonne-les-Bains (Haute-Marne, 50°) : EAUX SULFHYDRIQUES, *froides :* Enghien (Seine-et-Oise), *thermales :* Aix-la-Chapelle (Prusse, 58°), Aix (Savoie, 45°), Bagnères de Luchon (Haute-Garonne, 50 à 60°), Barèges (Hautes-Pyrénées, 30 à 45°), Bonnes

(Basses-Pyrénées, 30 à 35°), Cauterets, St-Sauveur (Hautes-Pyrénées, 30°); EAUX FERRUGINEUSES : Spa (Bays-Bas), Forges (Seine-Inférieure), Passy (Seine), Pyrmont (Westphalie), Versailles.

EAU RÉGALE. Mélange des acides azotique et chlorhydrique et qui a la propriété de dissoudre l'or, appelée autrefois le roi des métaux.

L'eau régale dissout aussi le platine.—L'or et le platine ne sont attaqués séparément ni par l'acide azotique ni par l'acide chlorhydrique.

ÉBÈNE. Bois de l'ébénier, arbre des Indes : ce bois est fort dur et ordinairement noir.

ÉCARLATE des Gobelins, se fait avec de l'agaric (champignon), des eaux pures, du pastel et de la graine d'écarlate. L'écarlate est une couleur rouge fort vive de kermès. On donne le nom de kermès à l'excroissance rouge qui vient sur le chêne. Le kermès vert est formé par le *gallinsecte*, femelle de la cochenille ; on en fait une teinture, un sirop, et de la pulpe le pastel *d'écarlate*. L'*alkermès* est une liqueur de table, qui tire son nom des graines de la kermès qu'on emploie pour la colorer en rouge ; on la prépare avec des feuilles de laurier, de la muscade, de la cannelle et de la girofle.

ÉDREDON. Duvet de l'eider, oiseau des pays septentrionaux, qui sert à faire des couvrepieds, des couvertures, etc.

ÉDULCORATION. On entend par cette expression le mode de purification d'une substance, qui consiste à la laver avec de l'eau.

EFFERVESCENCE. C'est le nom donné à ce mouvement intérieur qui se manifeste dans certains corps, et qui résulte du dégagement subit d'une substance gazeuse.

EFFLORESCENT. Un sel est efflorescent quand il perd à l'ai son eau de cristallisation. Il devient alors opaque. Les sels de soude sont généralement efflorescents.

ÉGRISÉE. Poudre de diamant obtenue en frottant l'un contre l'autre deux diamants, et qui sert à tailler les diamants.

ÉLASTICITÉ. On nomme ainsi la propriété des corps que l'action d'une force extérieure quelconque fait changer de figure, et qui, dès que cette force a cessé d'agir, tendent à reprendre la forme qu'on leur a fait perdre.

ÉLASTIQUES (FLUIDES). C'est le nom qu'on donne aux vapeurs et aux gaz.

ÉLECTROSCOPE. Appareil servant à manifester la présence de l'électricité, composé d'une cage de verre, traversée par une tige métallique terminée à sa partie supérieure par une boule de métal, et, dans la partie inférieure et dans la cage, par deux petites lames d'or, ou deux petites pailles, ou enfin deux petits fils de chanvre soutenant deux balles de sureau.

ÉLECTROMÈTRE. Appareil servant à apprécier un effet électrique. L'électromètre le plus remarquable est celui de Coulomb, appelé *balance électrique ;* on mesure l'énergie des feux électriques par la torsion qu'éprouve un fil.

ÉLECTROPHORE. Appareil imaginé par Volta pour donner de l'électricité; il est composé d'un gâteau de résine que l'on rend électrique en le frottant avec une peau de chat, et d'un disque métallique surmonté d'un manche isolant. On place le disque sur le gâteau de résine, on le touche avec le doigt, et, en levant le plateau, il est chargé d'électricité.

ELÉMENTS. Ce sont les parties constituantes d'un corps, et qui ne sont pas susceptibles d'être décomposées. On les appelle souvent aussi *principes.*

ÉMAIL. Matière blanche, opaque, obtenue en ajoutant aux éléments du verre de l'oxyde d'étain. L'émail sert à recouvrir la faïence, à faire des cadrans. On peut le colorer avec divers oxydes métalliques.

ÉMERAUDE. Pierre précieuse de couleur verte. Les plus estimées sont celles du Brésil, du Pérou et de l'Orient.

ÉMERIL. *Alumine pulvérisée* qui sert à polir les glaces, les marbres, les métaux, les pierres précieuses.

ÉMÉTIQUE. Sel employé en médecine comme purgatif. Il se nomme bitartrate de potasse et d'antimoine.

EMPOIS. Gelée obtenue en faisant bouillir l'amidon dans l'eau et refroidissant ; elle sert à *empeser*, c'est-à-dire à donner au linge une consistance.

ENCAUSTIQUE. Préparation faite avec de la cire et de l'essence de térébenthine, qu'on étend sur les parquets et sur les meubles pour leur donner du lustre, du poli.

ENCENS. Espèce de résine aromatique dont on fait usage dans les cérémonies religieuses.

ENCRE. Liquide noir obtenu par le mélange de l'eau, de la noix de galle, du sulfate de fer et de la gomme arabique. L'*encre d'imprimerie* est du noir de fumée très léger, délayé dans de l'huile de lin bouillie ; l'*encre rouge* est une dissolution gommée de carmin ; l'*encre bleue* une dissolution gommée d'indigo.

ENCRE SYMPATHIQUE. Liquide incolore servant à tracer des caractères invisibles qui, sous l'influence de certains agents mécaniques, physiques ou électriques, deviennent visibles. Nous citerons la dissolution de *chlorure de cobalt ;* les caractères deviennent bleus par une légère élévation de température.

ENDOSMOSE. Phénomène en vertu duquel deux liquides de densité différente, l'eau et l'alcool, par exemple, séparés par une matière organique, telle qu'une vessie, se mélangent. La découverte en est due à M. Dutrochet.

EPONGE. Espèce de zoophytes ou animaux-plantes adhérents aux corps sous-marins. On les trouve à diverses profondeurs ; — ils sont communes dans les mers des pays chauds, moins nombreux dans les régions tempérées, et rares dans le voisinage des pôles. Les éponges employées dans les arts et pour les usages domestiques nous viennent de l'Amérique méridionale ou de la Méditerranée, dans laquelle les pêcheurs sont obligés de plonger jusqu'à la profondeur de 2 mètres pour les recueillir ; on ne les livre dans le commerce qu'après plusieurs préparations, qui leur enlèvent, avant tout, leur odeur désagréable.

Dans la Méditerranée, la pêche des éponges, à laquelle se livrent surtout les Syriens et les Grecs, commence en juin et finit en août et en septembre. Elle se fait soit au trident, soit au contraire en plongeant jusque sur les rochers auxquels elles adhèrent fortement. De petites embarcations portent de trois à huit plongeurs.

On distingue plusieurs qualités telles que l'*éponge fine douce de Syrie* et celle de l'Archipel; la fine dure, dite grecque; l'éponge blonde de Syrie, dite de Venise; et celle de l'Archipel; l'éponge géline; l'éponge brune de Barbarie, dite de Morteille; celles de Salonique, de Bahama, etc.

Cette marchandise nous arrive dans des balles de crin dont le poids est variable.

ÉQUIVALENTS ou *nombres proportionnels.* Nombres qui expriment les quantités pondérables dans lesquelles les corps se combinent entre eux, et rapportées à l'un d'eux comme unité; l'équivalent de l'oxygène est 8, celui du carbone 6, celui de l'azote 14.

ESPRIT. Les anciens chimistes désignaient par ce terme tout fluide volatil recueilli par distillation.

ESSENCES ou *huiles essentielles.* Matières odorantes qui empruntent aux végétaux leur odeur particulière. Elles se retirent de la distillation des végétaux. Les principales sont : l'essence de citron, l'essence d'amande amère (feuille de laurier cerise), l'essence de bergamote, de camomille, de lavande, de néroli ou fleur d'oranger, de romarin, de rose, de térébenthine. Elles sont solubles dans l'alcool : on les classe en huiles non oxygénées et huiles oxygénées. Les premières, ne renfermant que du carbone et de l'hydrogène, sont dites carbures d'hydrogène.

ÉTAIN. Métal d'une couleur tirant sur celle de l'argent, mais plus sombre, faisant entendre un petit craquement quand on le plie en différents sens; il s'applique facilement sur le cuivre, c'est ce qu'on appelle étamage; et, uni au mercure, il s'applique aussi au verre et lui donne la propriété de réfléchir les objets. C'est le plus fusible de tous les métaux, on peut même le fondre dans du papier ou dans un tissu organique (228°), on le trouve en Angleterre, en Saxe, en Bohême, à Banca et à Malacca.

ÉTAMAGE. Opération qui consiste à recouvrir d'étain des objets en cuivre, afin d'empêcher qu'il ne se forme à leur surface des matières vertes vénéneuses, qui sont des sels de cuivre.

ÉTHERS. Ce sont les produits de la distillation de quelques-uns des acides avec l'alcool. Le plus important de tous est l'*éther sulfurique* ou simplement *éther*, qu'on prépare avec l'acide sulfurique. C'est un liquide incolore, d'une odeur agréable, d'une saveur chaude et piquante, il brûle avec une flamme très éclairante. Le docteur Jackson, de Boston, a découvert l'action très remarquable, que les vapeurs de ce liquide exercent sur le cerveau en paralysant la douleur, et à laquelle on donne le nom d'*éthérisation*.

ÉTOUPE. La partie la plus grossière, le rebut de la filasse, soit du chanvre, soit du lin (*Voyez Filasse*).

ÉTIOLEMENT. Etat des végétaux grêles, pâles et sans consistance, causé par l'absence de la lumière.

EUDIOMÈTRE. Instrument employé par les chimistes pour faire l'analyse des gaz au moyen de l'électricité.

ÉVAPORATION. C'est la conversion des liquides en vapeur, au-dessus de la température d'ébullition.

EXTRAITS. Résidu obtenu après avoir soumis à l'évaporation l'eau, l'alcool ou l'éther dans lequel on avait laissé pendant quelque temps des matières végétales; on a ainsi les principes actifs des plantes.

FAIENCE. Matière blanchâtre, formée d'argile demi-fine, recouverte d'émail, servant à faire des vases, des assiettes, et tirant son nom de Faenza, ville d'Italie où l'on a commencé à la travailler.

FARINE. Substance blanche pulvérulente, retirée des plantes nommées céréales, et employée pour la nourriture à cause d'une nature azotée, *le gluten*. La qualité nutritive d'une farine dépend de la quantité de cette dernière substance; la farine de blé est celle qui en renferme le plus.

FÉCULE DE POMME DE TERRE. C'est le nom que dans le commerce on donne à l'amidon retiré par le simple lavage des pommes de terre.

FER. *Métal* dur, très ductible et peu malléable, d'un gris clair et brillant, dont l'emploi dans les arts est très considérable, et qui, uni à un peu de charbon, devient l'acier et la fonte. Il pèse presque huit fois plus que l'eau. Le fer se rencontre en grande quantité dans la nature ; La Suède est très riche en minerais de ce métal.

FER-BLANC. Il s'obtient en plongeant une lame de fer dans de l'étain fondu ; cette couche d'étain a pour but d'empêcher l'oxydation du fer.

FEU. Dégagement de calorique et de lumière pendant la combinaison de plusieurs corps.

FEU GRÉGEOIS. Feu qui brûle sur l'eau, formé d'alcool ou de térébenthine, d'étoupe, résine et soufre ; le nom de grégois vient des Grecs du Bas-Empire.

FERMENTATION. Modifications que les éléments d'une substance organique éprouvent sous l'influence de certaines matières azotées nommées *ferments*. Les principaux ferments sont la *levure de bière*, la *pressure*, le *levain ;* ces matières sont regardées comme des agglomérations de petits êtres animés qui se développent pendant la fermentation de la matière organique. La *fermentation alcoolique* est la transformation du sucre, par l'influence de la levure de bière, en alcool et acide carbonique ; la *fermentation acide* est la transformation de l'alcool en vinaigre; la *fermentation putride* est la décomposition des matières organiques en diverses substances avec le dégagement de gaz.

FIBRINE. Matière blanche, filamenteuse, que l'on retire du sang frais en le battant avec une baguette d'osier : c'est elle qui donne au sang ses propriétés vitales, et qui le fait coaguler, c'est-à-dire prendre en masse quand on l'abandonne à lui-même.

FIL. Petite partie longue et déliée qu'on détache de l'écorce du chanvre, du lin, etc.

FILASSE. Assemblage de filaments tirés de l'écorce du chanvre, de celle du lin.

FILTRATION. C'est une opération au moyen de laquelle on purifie des substances liquides en séparant les molécules solides qui peuvent s'y être déposées, ou qui, étant trop tenues sont restées en suspension. Le filtre dont on se sert le plus communément en chimie consiste dans une feuille de papier non collé, posé dans un entonnoir, après l'avoir placée de manière à former des angles saillants et rentrants, qui l'empêchent d'adhérer à cet entonnoir. Mais pour filtrer des huiles, des liqueurs spiritueuses et autres de prix, le filtre qu'on emploie généralement consiste dans un peu de carton cardé qu'on fait entrer, en le pressant légèrement, dans le tube d'un entonnoir de verre. Quant aux acides concentrés qu'on ne pourrait pas filtrer à travers le papier, on se sert pour cela de verre pilé. Le charbon animal est employé aussi dans certains filtres.

FIXITÉ. On désigne par ce terme, la propriété que certains corps ont de supporter un grand degré de chaleur sans se volatiliser ; on donne, en chimie, à ces corps, la dénomination de corps fixes.

FLANELLE. Etoffe légère en laine, peignée ou cardée, ou tout à la fois peignée et gardée. Appliquée sur la peau, elle y exerce une légère et constante friction qui favorise la transpiration.

FLAMME. Est une matière gazeuse, chauffée au point d'être lumineuse.

FLÉAU. Tige horizontale qui, dans la balance, est suspendue en son milieu, et porte à ses deux extrémités les bassins.

FLUIDE. Ce terme s'applique à toutes substances dont les molécules sont mobiles, comme les liquides et les gaz.

FLUORHYDRIQUE (Acide). Liquide composé d'hydrogène et de fluor, ayant des propriétés chimiques analogues à celles de l'acide chlorhydrique; il attaque la silice et, par cette raison, est employé dans la gravure sur verre.

L'acide fluorhydrique est très dangereux à manier. Une goutte versée sur la peau produit une enflure qui s'étend sur tout le corps et la mort arrive bientôt après une fièvre très forte.

FLUX. C'est une substance qu'on mêle avec des mines métalliques ou autres corps, pour en faciliter la fusion. C'est ainsi que par le mélange d'un alcali, par exemple la potasse, la soude, la chaux avec de la silice, on rend cette dernière fusible et le composé est le verre.

FONTE. Combinaison du fer avec un peu de charbon, en plus grande proportion que pour former l'acier. Il y a deux sortes de fonte, la *fonte blanche* et la *fonte grise*. Cette substance fusible sert à fabriquer des ornements.

FOURNEAUX. Ustensiles et appareils de formes diverses, destinés aux opérations qui exigent de la chaleur.

FRESQUE. Manière de peindre, avec des couleurs détrempées dans de l'eau de chaux, sur une muraille fraîchement enduite.

FROMAGE. Substance alimentaire préparée avec le *caillé* du lait que l'on appelle aussi *caséum* ou *caséine;* on laisse cailler ou on fait cailler le lait, on fait sécher cette substance, puis on la sale; on a ainsi les fromages de Brie, de Neufchâtel; ou bien on comprime ce caillé, on le chauffe, il éprouve une fermentation qui donne ces trous appelés *œils :* on a ainsi les fromages de Gruyères, de Hollande.

FULMI-COTON (*Voyez Poudre-Coton*).

FULMINATION. On désigne ainsi une explosion accompagnée d'un bruit considérable et rapide. L'argent fulminant, l'or fulminant et d'autres poudres fulminantes qui font explosion avec bruit, par frottement ou étant légèrement chauffées, offrent des exemples de ce qu'on appelle fulmination.

FUSION. On appelle ainsi la fusion d'un corps qui, de solide qu'il était à la température de l'atmosphère, a été rendu fluide par l'application de la chaleur.

GALÈNE. Substance minérale composée de soufre et de plomb (sulfure de plomb), et dont on retire la plus grande partie du plomb du commerce.

GALVANOMÈTRE. Instrument pour mesurer l'intensité d'un courant galvanique. Composé d'une aiguille aimantée soumise à l'action d'un fil, dont chaque partie produit une déviation dans le même sens.

GALVANOPLASTIE. Art de modeler les métaux en décomposant leurs dissolutions salines par la pile électrique. — Cet art a été inventé simultanément par MM. Spencer en Angleterre et Jacobi en Russie (1838). Dans ces dernières années, la galvanoplastie a fait de grands progrès. — Son application à la dorure et à l'argenture est une des industries les plus répandues.

GANGUE. On désigne par ce mot la matière première qui remplit les cavités et accompagne les mines dans les filons de métaux. On enlève la gangue par les lavages.

GARANCE. Couleur rouge qu'on tire d'une plante *rubiacée* dont l'espèce commune est cultivée en grand dans le midi de la France, à cause de ses racines qui fournissent une belle teinture rouge.

GAZ. On appelle ainsi tout corps qui jouit de la propriété d'occuper tout l'espace qui lui est offert, quelqu'étendu qu'il soit, et qui, lorsqu'il est maintenu dans un espace limité, exerce des pressions sur les parois qui le contiennent. Parmi ces gaz nous citerons l'air, l'hydrogène, l'oxygène, l'azote, l'acide carbonique, etc.

GAZ D'ÉCLAIRAGE. Le gaz d'éclairage, combinaison d'hydrogène et de carbone, se produit en chauffant la *houille* dans des vases en fonte de forme cylindrique ou demi-cylindrique : le gaz se dégage, on le fait passer pour le laver et le purifier ; puis enfin on le conduit dans une cloche appelée *gazomètre*, et c'est de là qu'il s'écoule par des tuyaux en fonte dans les diverses directions qu'on veut lui donner ; le résultat de la calcination est le *coke*.

GAZOMÈTRE. C'est le nom qui a été donné à divers ustensiles et appareils imaginés pour mesurer, recueillir, conserver ou mêler les différents gaz.

GÉLATINE. Matière retirée des os des animaux ; soluble dans l'eau bouillante, elle se prend en gelée par le refroidissement ; quand elle est sèche, elle donne la colle ; ses propriétés nutritives ont été reconnues très faibles.

GENIÈVRE. Liqueur obtenue en distillant l'alcool avec les fruits du genièvre.

GINGEMBRE. Racine aromatique et odorante d'une plante d'Asie.

GIROFLE ou **GÉROFLE**. Bouton des fleurs du géroflier, arbrisseau sensible aux froids et aux vents. Les boutons ont une odeur aromatique et on les emploie dans les assaisonnements.

GLUTEN. Matière organique flexible retirée des farines en pétrissant ces dernières dans un filet d'eau ; elle est le principe des farines.

GOMMES. On a donné ce nom à des exsudations mucilagineuses de certains arbres. Il y a diverses espèces de gommes, telles que la gomme arabique, la gomme des cerisiers et des merisiers. Elles sont solubles dans l'eau, insolubles dans l'alcool et l'éther.

GOUDRON. Matière noirâtre, liquide et gluante, que l'on retire des arbres résineux, en les faisant brûler et qui est d'un grand usage dans la marine pour enduire les bâtiments, les cordages, etc.

GRADUATION. La graduation est une échelle ou mesure divisée en parties décimales ou tout autres régulières.

GRAISSE. On a donné ce nom aux substances animales huileuses concrètes composées d'*oléine*, de *margarine* et de *stéarine*.

GRAVITÉ, ou PESANTEUR. On appelle ainsi cette cause qui fait que les corps tendent à gagner la surface de la terre.

GRENAT. Pierre précieuse d'un violet velouté et foncé, retirée de la Bohême et de Ceylan.

GRILLAGE. Combustion d'un corps à l'air, afin de le débarrasser des matières combustibles telles que le soufre, l'arsenic qui l'accompagnent.

GRUAU. Partie centrale du grain, fleur de farine, avec laquelle on fait du pain de qualité supérieure, le vermicelle, le macaroni et la semoule.

GUANO. Engrais azoté d'Amérique provenant des excréments d'oiseaux de mer.

GYPSE. Pierre à plâtre et cristallisée.

HALO. Cercle lumineux qui entoure quelquefois le Soleil et la Lune.

HÉMATOSINE. Matière colorante du sang et renfermant du fer.

HERMÉTIQUEMENT. On emploie ce terme pour exprimer que l'orifice d'un tube est si exactement fermé que l'air n'y peut avoir accès. Comme il avait été supposé autrefois que Hermès, ou Mercure, était l'inventeur de la chimie, on avait dit d'un tube dont on fermait l'extrémité pour les opérations chimiques, que ce tube était scellé hermétiquement ou chimiquement, ce qui se faisait ordinairement en fondant, à l'aide d'un chalumeau, l'extrémité du tube.

HOUBLON. Plante grimpante dont les fleurs sont formées d'écailles foliacées; ce sont ces dernières que l'on emploie pour donner une saveur amère à la bière.

HOUILLE. Matière organisée qui s'est carbonisée dans l'intérieur de la terre ; distillée, elle donne des produits gazeux, l'hydrogène sulfuré et un mélange d'hydrogène proto-carboné et bicarboné que l'on emploie pour l'éclairage au gaz ; les produits liquides sont le goudron et le résidu dans la cornue est le coke. Les principales mines de houille sont en Angleterre, en Belgique, et à Saint-Étienne (France).

HUILE. C'est une substance fluide bien connue ; elle est formée d'hydrogène, d'oxygène et de carbone. Les huiles sont des liqueurs qui viennent des animaux, des végétaux ; on les divise en :

Huiles animales, comme celles du pied de bœuf, excellente à brûler et à manger. L'huile de baleine, de poisson, etc., bonne à brûler et à graisser.

Les huiles végétales, subdivisées en huiles fines grasses, comme l'huile d'olive, de colza (type des choux), d'amandes douces, de faîne (fruit du hêtre), etc.; en huiles fines siccatives (qui font sécher), telles que celles de lin, de noix, de chenevis, d'œillette : et en huiles volatiles ou essences, telles que la térébenthine ; l'huile d'orange, de rose, etc.

Les huiles minérales se réduisent à deux : l'huile blanche de Naphte (huile liquide) et l'huile d'*asphalte*.

HUITRES. Animaux du genre mollusque ; le corps est placé dans deux coquilles qui s'ouvrent pour prendre leur nourriture composée d'infusoires vivants dans l'eau de mer. Les huîtres sont employées comme comestibles ; les plus renommées sont celles de Cancale (Ille-et-Vilaine), Ostende (Belgique), Colchester (Angleterre) et du Holstein.

HYDROGÈNE. C'est le nom donné à la substance simple qui constitue l'un des éléments de l'eau. Le gaz hydrogène est le plus léger de tous les gaz connus, et c'est pour cette raison qu'on en fait usage pour remplir les aérostats. On appelait autrefois ce gaz air inflammable. Il est très inflammable ; c'est même là un de ses caractères distinctifs.

HYDROMEL. Boisson composée d'eau et de miel.

HYDROMÈTRES. Ce sont des instruments destinés à mesurer certaines propriétés des liquides.

HYDROPATHIE.

HYDROTHÉRAPIE.

HYGROMÈTRES. Instruments dont l'emploi a pour objet de déterminer le degré d'humidité de l'air atmosphérique. Les plus connus sont ceux de Saussure et de Daniel. Le premier s'appelle encore hygromètre à cheveux.

HYPO. Préposition que l'on met devant le nom d'un acide pour indiquer un degré supérieur d'oxygénation, acide hypo-sulfurique, acide moins oxygéné que l'acide sulfurique.

IATRO-CHIMIE. Chimie appliquée à la médecine.

INCINÉRATION. C'est une opération au moyen de laquelle on brûle des substances végétales pour en obtenir les cendres. Ce terme s'applique ordinairement au brûlement des plantes qui croissent sur les bords de la mer, pour en retirer l'alcali minéral ou la soude.

INCLINAISON. Angle que fait avec le plan de l'horizon une aiguille aimantée qui peut se mouvoir dans un plan vertical. Cet angle est à Paris 67°; l'inclinaison diminue à Paris et varie d'un lieu à un autre. Il existe deux points du globe nommés *pôles magnétiques*, où l'aiguille aimantée est verticale.

INDIGO. Matière colorante qui sert à teindre en bleu et que l'on retire, par la fermentation ou autrement, des feuilles et des tiges de certaines plantes légumineuses des régions équatoriales, appelées *indigotier*.

INFLAMMATION. Phénomène qui a lieu lorsqu'on mêle ensemble certaines substances. Le mélange d'huile de térébenthine avec de l'acide nitrique concentré offre un exemple de cet effet chimique particulier. Le phosphore libre donne souvent lieu à des inflammations subites.

INFUSION. C'est une opération simple par laquelle on se procure, au moyen de l'eau, les sels, les sucs et autres principes ou parties des végétaux.

IODE. Corps simple, solide, d'un gris bleuâtre et d'une odeur forte. Soumis à l'action de la chaleur, il donne une belle vapeur violette. On emploie l'iode dans la guérison des goîtres et dans le Daguerréotype.

IRRADIATION. Phénomène d'augmentation de la lumière et qui fait paraître les astres plus grands qu'ils ne sont.

ISOMÉRISME. Propriété par laquelle deux corps de même composition chimique ont des aspects physiques très-différents.

ISOMORPHISME. Identité dans la forme cristallisée de deux substances de nature différente.

ISOTHERME (ligne). On appelle ainsi la ligne obtenue en joignant tous les points du globe qui ont une même *température moyenne*. Ces lignes sont sinueuses par rapport aux cercles de latitude.

IVOIRE. Nom que l'on donne à la matière des dents d'éléphant, seulement lorsqu'elles ont été détachées de la mâchoire de l'animal pour être mises en œuvre.

JACHÈRE. Etat d'une terre labourable qu'on laisse reposer.

JASPE. Caillou dur, susceptible d'un beau poli. Le jaspe noir est appelé *Pierre de touche*, parce qu'elle est employée dans l'essai des métaux : or et argent.

KALI. Nom donné par les Arabes à un genre de plantes qu'on brûle pour se procurer, après en avoir lessivé les cendres, l'alcali minéral.

KARAT ou **CARAT**. Unité de poids pour la vente du diamant; un karat pèse 22 centigrammes, qu'on évaluait autrefois à 4 grains. On supposait autrefois que chaque pièce d'or formait un composé de 24 parties appelées Carats, — si la pièce d'or était toute d'or pur, on disait qu'elle était au titre de 24 carats, — si elle était composée de 23 parties d'or pur et d'un alliage, le titre était de 23 carats, ainsi de suite. — On a transporté ce mot dans le langage figuré, mais il ne s'emploie guère que dans cette phrase devenue proverbe : c'est un sot à vingt-quatre carats, pour dire : c'est un heureux parvenu au plus haut point de sottise.

LABORATOIRE. C'est l'atelier d'un chimiste, le lieu destiné à ses opérations, et pourvu des appareils et ustensiles qui y sont propres.

LAINE. Poil de mouton, de chèvre, de castor, servant à fabriquer les étoffes nommées draps, mérinos, cachemires, flanelles, serges. On enlève par des lavages le *suint*, matière fétide provenant de l'animal, et on soumet la laine à différentes opérations mécaniques.

LAIT. Substance liquide, opaque, blanche, plus pesante que l'eau, secrétée par les glandes mammaires des animaux, composée de caséum, de beurre, de sels et d'eau.

LAITON. Cuivre rendu jaune par le mélange du zinc.

LAMINOIR. Machine composée de deux cylindres tournant en sens contraire, entre lesquels on met les métaux pour les réduire en lames.

LAMPE D'ARGANT. On fait un grand usage, en chimie, de cette espèce de lampe, établie sur le principe d'un fourneau à vent. Elle produit ainsi un grand degré de lumière et de chaleur sans fumée.

LAMPE DES MINEURS. Inventée par Davy pour prévenir les explosions dans les mines ; elle consiste en une lampe ordinaire recouverte d'une toile métallique.

LAPIS-LAZULI. Pierre d'un bleu d'azur, formée de silicate d'alumine et d'oxydes métalliques.

LAQUE. On donne ce nom à certaines couleurs qu'on obtient en combinant la matière colorante de la cochenille ou de quelques végétaux avec l'alumine pure ou avec des oxydes d'étain, de zinc, etc.

LAUDANUM (de Sydenham). Liquide obtenu en filtrant une

infusion d'opium, de cannelle, de safran, de girofle dans du vin de Malaga.

LAURIER. Arbre connu en Orient, et qui croît dans nos climats quand on le préserve des froids. Ses feuilles exhalent une odeur aromatique et on les emploie dans les assaisonnements.

LEIOCOME. Amidon rendu insoluble dans l'eau et employé pour épaissir les couleurs.

LENTILLE. On appelle ainsi un verre convexe ou concave des deux côtés, destiné à concentrer ou à disperser les rayons du soleil.

LIÉGE. Épiderme du chêne à liége, quo l'on emploie comme bouchons, comme flottants.

LIN. Plante dont la graine est employée à beaucoup d'usages, et dont la tige fournit un fil qui sert à fabriquer des toiles fines et des dentelles.

LIQUÉFACTION. Voyez *fusion*.

LITHARGE, ou protoxyde de plomb qui a été fondu. La litharge se présente en lamelles, tantôt jaunes, tantôt rougeâtres, ce qui lui a fait donner le nom de litharge d'or et litharge d'argent.

LOUPE. Lentille d'un très court foyer, et ayan une forme presque sphérique.

LUT. On appelle ainsi une composition dont on se sert pour recouvrir les cornues de verre et de grès, pour les empêcher de se briser lorsqu'on doit les exposer à un grand degré de chaleur. On fait aussi usage de lut pour boucher les vides que peuvent former, dans leurs jointures, les divers ajustages de vaisseaux de rencontre, et qui servent dans les opérations de chimie. On retient ainsi les vapeurs ou gaz qui s'élèvent pendant le cours des opérations, et qui, sans cette application du lut, s'échapperaient en se dégageant.

MACARONI. Substance alimentaire obtenue sous forme de

cylindres et provenant de la farine de froment mêlée avec du safran.

MACÉRATION. Opération qui consiste à mettre et à maintenir un corps solide dans un liquide, lorsqu'on veut amollir ce corps sans en imprégner le liquide.

MAGNÉSIE (oxyde de magnesium). La magnésie est une poudre blanche ; elle est employée en médecine contre les aigreurs d'estomac et comme contre-poison.

MAILLECHORT. Métal d'Alger, alliage ayant l'apparence de l'argent, formé ordinairement de trois parties de cuivre, une de zinc et une de nickel. On s'en sert pour faire des couverts, des théières, etc.

MALLÉABILITÉ. Terme qui désigne cette propriété qu'ont certains métaux de pouvoir s'étendre en lames, au moyen d'un instrument nommé *laminoir ;* les métaux les plus malléables sont l'or, l'argent et le cuivre.

MANGANÈSE. Le plus dur de tous les métaux, se rencontre dans la nature à l'état d'oxyde de manganèse, poudre noire qui sert à préparer l'oxygène et à la coloration en violet.

MANIOC. Arbre d'Amérique de 2 à 3 mètres de hauteur ; ses racines tubéreuses, charnues, donnent par la râpure une fécule imitant la chapelure de pain.

MANNE. Substance blanche extraite de l'écorce des frênes à feuilles rondes · elle est purgative. La manne se retire de Sicile et de Calabre ; celle de Perse provient des alhagis, petits arbres épineux.

MANOMÈTRES. Instruments destinés à mesurer la pression des gaz et des vapeurs.

MARÉE. Élévation et abaissement périodiques des eaux de l'Océan, dus à l'attraction combinée du soleil et de la lune sur notre globe.

MARBRE (carbonate de chaux), pierre calcaire à grain fin et serré, blanche et souvent colorée par des acides métalliques.

MASSICOT. Poudre jaunâtre obtenue en faisant chauffer du plomb à l'air, c'est-à-dire protoxyde de plomb.

MATTE. On donne ce nom, dans le travail des mines, à la masse de métal qui se sépare des scories dans une première fonte crue, ou lorsque le minéral n'a point encore été grillé.

MERCURE. Substance métallique grise, appelée communément vif-argent, liquide à la température ordinaire, solide à 39°, se vaporisant vers 350° : il pèse 14 fois plus que l'eau, c'est le liquide le plus lourd que l'on connaisse. Les mines d'*Idria*, dans le Frioul (Autriche), et celles d'*Almaden* (Espagne), sont les principales mines de l'Europe.

MÉRINOS. Mouton de race espagnole dont la laine est très fine.

MÉTALLURGIE. C'est l'art de traiter en grand les mines, d'en retirer les métaux et de les purifier.

MÉTAUX. Corps solides à l'exception du mercure, bons conducteurs de la chaleur, de la lumière, de couleur grise variant du bleu au blanc, excepté l'or qui est jaune, le titane rouge, le cuivre jaune-rougeâtre ; ils sont au nombre de 47, partagés en 6 sections, ceux de la première section : *Potassium*, *Sodium*, *Barium*, *Strontium*, *Calcium*, *Lithium*, décomposent l'eau froide ; ceux de la deuxième section : *Aluminium*, *Magnesium*, *Yttrium*, *Glucinium*, *Terbium*, *Erbium*, *Zirconium*, *Thorium*, décomposent l'eau entre 100° et 200° ; ceux de la troisième section : *Manganèse*, *Fer*, *Zinc*, *Nickel*, *Cadmium*, *Cobalt*, décomposent l'eau au rouge ou à froid avec un aide ; ceux de la quatrième section : *Antimoine*, *Plomb*, *Bismuth*, *Étain*, *Cuivre*, *Molybdène*, *Chrôme*, *Vanadium*, *Tungstène*, *Pelopium*, *Ruthenium*, *Niobium*, *Ilménium*, *Titane*, *Urane*, *Tantale*, *Cérium*, *Columbium* décomposent l'eau en rouge ; ceux des 5e et 6e sections : *Argent*, *Iridium*, *Mercure*, *Osmium*, *Rhodium*, *Or*, *Platine*, *Palladium*.

MIASMES. Émanation nuisible composée probablement comme la plupart des matières organiques animales et végétales de l'hydrogène, oxygène et azote ou seulement hydrogène, carbone, oxygène ; le chlore par son action chimique sur l'hydrogène, décompose ces matières, et, changeant leur nature, les empêche d'être malfaisantes.

MICROSCOPE. Instrument destiné à augmenter les dimensions des petits objets. Le *microscope simple* ou *loupe* est une lentille très convexe. Le microscope composé est formé d'une lentille nommée *objectif*, et d'une loupe destinée à observer l'image de la première lentille. On connaît aussi les microscopes solaires et à gaz.

MIEL. Substance liquide et sucrée que les abeilles composent avec ce qu'elles recueillent dans les fleurs et sur les feuilles des plantes.

MINES. Terrains renfermant diverses substances, riches en métaux et qui servent à l'extraction de ces derniers.

MINE DE PLOMB. Carbone combiné avec 0,004 de fer. Elle ne contient aucune partie de plomb ; elle sert à fabriquer les crayons ordinaires.

MINÉRAL. Toute substance quelconque de nature métallique, terreuse ou saline, simple ou composée, peut être appelée un minéral.

MINÉRALOGIE. C'est la science qui apprend à connaître les minéraux.

MINIUM. Nom que prend le plomb à son deuxième degré d'oxydation, c'est-à-dire à l'état de deutoxyde ou d'oxyde rouge ; on l'appelle aussi communément plomb rouge.

MOIRÉ MÉTALLIQUE. Cristallisation de l'étain observée dans la fabrication du fer-blanc, après qu'on a fait disparaître, par une eau acidulée, la couche externe d'étain.

MOISISSURE. Espèce de champignon qui naît sur les corps où se trouve une matière végétale unie à une quantité d'eau, et qui se développe surtout quand cette matière commence à entrer en putréfaction.

MOLÉCULE. Parties constituantes d'un corps.

MORDANTS. Substances qui ont une affinité chimique pour certaines couleurs particulières. Les teinturiers en font usage comme d'intermèdes entre les parties colorantes et les étoffes qu'ils veulent teindre. Les principales substances qui sont employées comme mordants sont l'alun, l'oxyde de fer et le tannin.

MORPHINE. Substance retirée de l'opium ; elle se présente sous forme de petites aiguilles et exerce une action vénéneuse très énergique sur l'économie animale.

MORTIER. Mélange de sable et de chaux, servant à lier entre elles les pierres dans les constructions de maçonnerie.

MOUSSE. Petites plantes vertes ordinairement réunies en groupes sur les arbres, la terre, les roches.

MOUSSE D'ISLANDE. Un lichen dont on fait une sorte de gelée nourrissante.

MOUSSE DE CORSE. Un végétal de la famille des algues avec la décoction duquel on fait périr les vers des intestins.

MUCILAGE. On donne ce nom et celui de *muqueux* à une matière glutineuse qui existe dans tous les végétaux. Cette substance transparente et insipide est soluble dans l'eau, et n'est point attaquée par l'alcool. Elle est principalement composée de carbone et d'hydrogène avec un peu d'oxygène.

MUSC. Sécrétion du chevrotin, petit quadrupède d'Asie vivant sur les montagnes escarpées ; le musc a une odeur aromatique très forte, et brûle avec flamme.

MUSCADE. Amande du muscadier, arbre touffu dont le fruit a l'apparence d'une noix renfermée dans une coque.

NACRE. Substance dure, lisse, blanche, avec des reflets irisés, provenant des huîtres.

NAPHTE. Huile volatile jaunâtre, brûlant avec une flamme fuligineuse, c'est-à-dire qui ressemble à de la suie, qui est couleur de suie.

NATRON. Nom donné anciennement au carbonate de soude naturel d'Egypte.

NEIGE. La neige est le résultat de la condensation de la vapeur aqueuse répandue dans l'atmosphère ; examinée au microscope, elle offre une forme cristalline, particulièrement une étoile à six branches.

NEUTRALISER. C'est par ce terme qu'on exprime l'effet résultant de l'union de deux ou d'un plus grand nombre de substances, qui leur fait perdre respectivement entre elles leurs propriétés.

NICKEL. Métal qui se rencontre presque toujours accompagné du cobalt. Le nickel est un métal très réfractaire ; ses composés colorent le verre en bleu.

NITRATES ou **AZOTATES.** Sels formés par la combinaison d'une base quelconque avec l'acide azotique ou nitrique ; les principaux sont le nitrate de potasse ou salpêtre, le nitrate de plomb, le nitrate d'argent, appelé pierre infernale, le nitrate d'ammoniaque. Ils sont tous solubles et dégagent une fumée blanchâtre quand on les met en contact avec un aci

NITRE ou **SALPÊTRE**, est une combinaison d'acide azotique et de potasse.

Le nitre est dissous dans certaines eaux de Hongrie, et le fameux souterrain de Syracuse, bâti par Denys-le-Tyran, s'est changé en une mine de nitrate. Ce sel est répandu en Perse, en Indoustan. Le *salpêtre* se retire aussi en grande partie des matériaux salpêtrés ou produits de la démolition. Le principal usage du *nitre*, celui qui en absorbe la plus grande quantité, c'est la fabrication de la *poudre à canon*, dans laquelle on l'emploie à plus ou moins grande dose, suivant la qualité de la poudre que l'on veut fabriquer. Voici quelles sont les proportions adoptées définitivement en France pour la *poudre* de chasse et la poudre de guerre.

Soufre...	78	poudre de chasse.	75 »	poudre de guerre.
Charbon.	10		12 5	
Nitre....	12		12 5	
	100		100	

On a donné au coton les propriétés fulminantes, d'après la belle découverte d'un chimiste allemand, *M. Schonbein*, — en 1846. — Voici comment il est préparé.

On prend deux mesures d'acide nitrique fumant, on y mêle une mesure d'acide sulfurique ordinaire; on plonge dans ce mélange autant de coton bien tassé que le liquide peut en mouiller, on l'y laisse un quart-d'heure; il y prend plus de consistance et devient transparent. Dès ce moment l'opération est terminée. Il ne reste plus qu'à laver le produit à grande eau et à le faire sécher. Employée en faible quantité pour la charge des armes à feu, elle ne laisse rien à désirer ni pour la portée, ni pour la justesse du tir, et l'explosion ne donne lieu qu'à un bruit très faible.

Le coton n'est pas la seule substance végétale qui puisse donner de semblables résultats. M. Pelouze, l'un de nos plus savants chimistes, a dit à l'Académie : « Avec trois ou quatre rames de pa- » pier, trois ou quatre tonneaux d'acide nitrique et vingt-quatre » heures, je me fais fort de fournir à une armée de 100,000 hom- » mes pour tout un jour de bataille. » Cette découverte ne peut opérer une révolution dans les guerres, parce que le coton donne une *poudre brisante* qui détruit facilement les armes.

NOIR DE FUMÉE. Carbone très dense, obtenu en faisant brûler des huiles ou des résines. Le noir de fumée sert à faire l'encre d'imprimerie.

NOIX DE GALLES. Excroissances produites sur le chêne et d'autres arbres, par la piqûre de certains insectes. La noix de Galles sert à teindre en noir et à faire de l'encre.

NOMENCLATURE CHIMIQUE. Dénomination méthodique des corps et indicative de leur combinaison. Cette nomenclature chimique a été faite par Guyton de Morveau, Lavoisier, Fourcroy.

OCRES. On a particulièrement donné ce nom à diverses combinaisons de terres avec l'oxyde ou le carbonate de fer.

ODOMÈTRE. Appareil servant à mesurer la route parcourue par une voiture ou un voyageur, au moyen d'un nombre de tours que fait une aiguille pendant le trajet.

OPIUM. Suc épaissi des capsules de pavot somnifère, qui nous vient de la Perse et de la Turquie; c'est une substance solide, d'un brun noirâtre, d'une odeur nauséabonde et d'une saveur très amère. L'opium est une branche de commerce des plus productives de la Chine. C'est de l'opium qu'on retire la morphine, la narcotine employées en médecine.

OR. Métal d'un jaune brillant, très ductile, très pesant, inaltérable à l'air, insoluble dans les acides, et dont on fait les monnaies de la plus haute valeur (9/10e de cuivre), les ouvrages de bijouterie les plus précieux (le cuivre en plus grande quantité). Les principales mines d'or sont celles de la Sibérie, du Pérou, du Mexique, de la Californie, en Amérique, et tout récemment celles de l'Australie.

OR MUSSIF ou BISULFURE D'ÉTAIN. Il sert pour dorer sur bois et pour enduire les coussins des machines électriques.

OR PIMENT. Composé jaune, formé de soufre et d'arsenic. On le rencontre en Hongrie, en Transylvanie ; il est vénéneux.

ORSEILLE. Matière colorante rougeâtre extraite d'un lichen de même nom.

ORGE. Grain du nombre de ceux qu'on appelle *menus grains*, et qui se sèment ordinairement en mars comme l'avoine. Le pain fait avec de l'*orge* est d'un goût si mauvais et d'un aspect si désagréable, qu'on a dit *grossier comme du pain d'orge.*

Le *sucre d'orge* est une espèce de pâte jaunâtre, transparente et solide, faite avec du sucre fondu dans une légère décoction d'orge.

ORGEAT, boisson rafraîchissante, faite autrefois avec de l'*orge*, mais préparée aujourd'hui avec de l'eau, du sucre et des amandes.

OUTRE-MER. Couleur bleue retirée du lapis-lazuli.

OXALIQUE (acide). Acide organique formé de carbone et d'hydrogène seulement ; on le retire du sel d'oseille, ou on le prépare par la réaction de l'acide azotique sur l'amidon, il agit comme poison corrosif.

OXYDATION. Opération qui donne lieu à la combinaison d'une substance quelconque avec l'oxygène.

OXYDES MÉTALLIQUES. On désigne par ce terme des métaux combinés avec l'oxygène. Ils sont, en général, réduits par cette combinaison, à l'état pulvérulent. Les oxydes prennent les noms de *protoxyde, deutoxyde* ou *bioxyde,* suivant que la combinaison est le premier ou le second degré d'oxydation ; au-dessus du second degré, on donne le nom de peroxyde. Ainsi on dit peroxyde de manganèse, peroxyde de fer, bioxyde de cuivre, etc.

OXYGÈNE. Gaz incolore, inodore, plus lourd que l'air, formant le 1/5 du volume de l'air atmosphérique, les 8/9 du poids de l'eau, la base des matières végétales, animales. C'est le soutien de la combustion. C'est l'air vital de Priestley, l'air déphlogisqué de Sthal. Son nom veut dire *générateur d'acides.*

OXYGÉNER. C'est unir une substance avec l'oxygène, quel que soit le produit.

OZONE ou **OXYGÈNE ÉLECTRISÉ.** Nous avons déjà dit que la pile a la propriété de décomposer l'eau en ses deux éléments *oxygène* et *hydrogène*. On remarque, toutefois, que l'oxygène ainsi obtenu, que l'on appelle *ozône*, diffère de l'oxygène ordinaire. Ainsi, l'oxygène est inodore, tandis que l'ozône a une odeur analogue à celle du homard. — M. Edmond Becquerel a fait voir que l'oxygène ordinaire pouvait devenir *ozône* sous l'influence d'un grand nombre d'étincelles électriques. De là, le nom d'*oxygène électrisé.* M. Houzeau, qui a fait récemment d'importants travaux sur l'ozône, l'appelle aussi *oxygène actif.*

PAIN. Aliment fait de farine de blé pétrie et cuite.

PAIN D'ÉPICES. Sorte de pain fort anciennement connue fait avec de la farine de seigle, qu'on pétrit quelquefois avec de la mélasse, mais plus ordinairement avec du miel jaune.

PALLADIUM. Métal gris blanchâtre ayant des propriétés analogues au platine.

PALISSANDRE. Bois violet, propre aux ouvrages de tour et de marqueterie ; son odeur est douce comme celle de la violette. Il vient d'un arbre de l'*Inde*.

PAPIER. Composition faite ordinairement avec du vieux linge détrempé dans l'eau, pilé par des mailles, broyé par des cylindres, et réduit en pâte ; ensuite, étendue par feuilles que l'on fait sécher, soit à l'air, soit sur des cylindres chauffés par la vapeur, et qu'on met en presse. Le papier à écrire est plongé dans une dissolution d'alun et de gélatine, ce qui l'empêche de *boire;* il est alors *collé*. Le meilleur papier se fait avec des chiffons de lin et de chanvre. Le *papier de Chine* est fait avec l'écorce d'un jeune banbou, l'écorce du mûrier, la peau interne des cocons de vers à soie. Le *papier végétal* est fait avec la filasse de lin ou de chanvre prise en vert. Le papier *vélin*, imitant la blancheur du parchemin, a été inventé par Bakerville et Montgolfier. Le papier *Joseph*, inventé par Joseph Montgolfier, provient des étoffes de soie usées ou de soie filée.

PARASÉLÈNE. Phénomène qui consiste dans l'apparition au ciel de plusieurs images de la lune.

PARATONNERRE. Tige de fer de 8 à 9 mètres de hauteur, terminée par une pointe en platine et placée à la partie supérieure des édifices pour les préserver de la foudre. Le paratonnerre a été découvert par Franklin en 1752.

PARCHEMIN. Peau de brebis ou de mouton préparée.

PARHÉLIE. Phénomène qui consiste dans l'apparition au ciel de plusieurs images du soleil : cet effet est probablement dû à la réflexion du soleil sur plusieurs surfaces.

PASTEL. Herbe cultivée en Normandie et dans le midi de la

France, renfermant une matière colorante bleue, employée pour la peinture au *pastel*.

PEAU D'ANE, avec laquelle on fabrique des cribles, des tambours, des chaussures et du gros parchemin pour les tablettes de poche.

PELLICULE. Nom donné à une petite croûte très mince qui se forme à la surface des liquides dans plusieurs circonstances.

PENDULE. Corps suspendu par une tige et ayant la propriété de se mouvoir autour d'un centre fixe. Écarté de la verticale, il décrit une série d'arcs de cercles sensiblement de même grandeur pendant le même temps ; un de ces arcs se nomme une oscillation. Le pendule sert à régler le mouvement des horloges et à connaître les variations de l'intensité de la pesanteur à la surface de la terre.

PERLE. Substance dure, blanche et claire, qui est souvent produite par une des variétés de l'huître nommée *avicule ;* elle a joué un grand rôle dans le luxe de l'antiquité. La plus belle perle, dit-on, que l'on connaisse en Europe, est celle qui servait de bouton au chapeau du roi d'Espagne.

Les écailles d'un petit poisson nommé *ablette* fournissent des perles artificielles qui sont très belles et très estimées ; c'est à un Français, nommé Jacquen, qu'on en doit l'invention.

PÉROXYDE. Nom donné par les chimistes modernes aux oxydes qui contiennent la plus grande quantité possible d'oxygène.

PESANTEUR. Force qui tend à faire tomber les corps ou à les diriger vers le centre de la terre.

PESANTEUR SPÉCIFIQUE. La pesanteur spécifique d'un corps est le rapport des poids de volumes égaux de ce corps et d'eau distillée. La pesanteur spécifique des corps a la même valeur numérique que la densité des corps : c'est pour cela qu'on confond ces deux expressions.

PESON. Balance formée d'un levier coudé et donnant le poids des corps par la division d'un cadran à laquelle s'arrête le levier.

PÉTROLE. Liquide inflammable retiré du bitume.

PHOSPHORE, mot qui signifie *porte-lumière*. Corps simple ; substance solide que l'on conserve dans l'eau, lumineuse dans l'obscurité au contact de l'air, retirée des os des grands quadrupèdes où elle existe à l'état de phosphate de chaux. Elle est employée dans les poudres fulminantes.

PHOTOGRAPHIE. Art de fixer l'image des objets extérieurs, des monuments, des paysages, des individus, au moyen de la chambre obscure et de divers procédés chimiques, sur des plaques d'argent bien polies.

La photographie a été inventée par Niepce en 1839 et perfectionnée par Daguerre, qui donna son nom à l'instrument appelé daguerréotype.

PHOTOMÈTRE. On a donné ce nom à un instrument imaginé pour mesurer l'intensité comparative de deux lumières. On connaît le photomètre de Leslie et celui de Rumford.

PIERRE DE TOUCHE. Espèce de *schiste* très dur, dont les orfèvres font usage pour juger de la pureté des matières d'or et d'argent.

PIERRE PONCE. Pierre vitrifiée par le feu des volcans ; elle est légère et poreuse, elle nage sur l'eau ; réduite en poudre et unie à la chaux, elle fait un excellent *ciment*, connu sous le nom de *pouzzolane blanche*.

PIERRE INFERNALE. Substance minérale appelée azotate ou nitrate d'argent, et employée pour ronger les chairs.

PIERRES PRÉCIEUSES. Substances minérales dures, transparentes, recherchées comme ornements. Les principales sont : le *diamant*, le *saphir*, le *rubis*, l'*émeraude*, la *topaze*, le *grenat*, la *cornaline*, l'*améthyste* (Voyez chacun de ces mots).

PIÉZOMÈTRE. Appareil de physique destiné à mesurer la compressibilité des liquides.

Les principaux piézomètres sont celui d'Œrsted et celui de M. Regnault.

PLAQUÉ. Cuivre argenté.

PLATINE. Le plus pesant, le moins fusible et le moins altérable des métaux ; on en fait des tubes, des capsules, des creusets et des bassines. Le platine est blanc et peut être réduit en fils qui n'ont que des centièmes de millimètre d'épaisseur.

PLATRE. Sulfate de chaux calciné qu'on réduit en poudre et qu'on emploie, délayée avec de l'eau, pour cimenter les pierres ou les moellons, pour faire des enduits, pour mouler des statues, des ornements d'architecture.

PLOMB. Anciennement appelé *saturne*, métal gris bleuâtre; d'une odeur et d'une saveur particulières ; il est très mou et fond à 325° ; il est malléable, c'est-à-dire qu'on peut le réduire en feuilles minces ; on l'emploie pour envelopper les substances qui craignent l'humidité. Les principales mines de plomb sont à Poullaouen en Bretagne.

PLOMBAGINE. Voyez mine de plomb.

PLUIE. Produit de la condensation de la vapeur d'eau de l'atmosphère. On mesure la quantité de pluie avec des udomètres. A Paris il tombe 55 centimètres. C'est à Joyeuse qu'il pleut le plus en France (1m, 30), et à Béziers le moins (0m, 42). C'est à Mahulshwer (Inde) qu'il pleut le plus; il tombe annuellement 7m, 78 d'eau.

PLUMES A ÉCRIRE. Les plumes proviennent des ailes des oiseaux ; on les débarrasse d'une matière grasse naturelle qu'elles contiennent. Les *plumes de fer* sont taillées avec un emporte-pièce dans une feuille de métal.

PNEUMATIQUE. On donne ce nom à tout ce qui se rapporte à l'air et au gaz.

PNEUMATIQUE (CUVE). C'est un vaisseau rempli en partie

d'eau ou de mercure destiné à recueillir les gaz, ou à expérimenter sur ces matières.

POIDS. Le poids d'un corps est le résultat des actions que la terre exerce sur les molécules d'un corps. Le poids est égal à l'effort qu'il faut faire pour empêcher un corps de tomber.

POISON. *Substance* qui, introduite dans un animal, occasionne une altération plus ou moins rapide, suivie le plus souvent de mort.

POIRÉ. Boisson analogue au cidre, que l'on fait avec une espèce de poire qui n'est pas mangeable.

POIVRE. C'est le grain desséché d'une plante sarmenteuse nommée *poivrier*, du nom de celui qui, le premier, le porta de l'Inde en Europe.

POMME DE TERRE. Végétal originaire de l'Amérique, dont on doit la culture en France à Parmentier (1776); elle donne un bon légume qui maintenant peut défier la disette. On fait avec la *pomme de terre* de l'eau-de-vie, et avec la fleur une belle couleur jaune qui teint la laine et la soie. Depuis quelques années, les pommes de terre sont sujettes à *une maladie* qui altère leur propriété nutritive, et qui, d'après les recherches de M. Payen, doit être attribuée au développement de champignons qui germent au-dessus de la fécule.

PORCELAINE. Terre très fine dont on fait des vases et des ustensiles de toutes formes, à demi vitrifiée par l'action du feu, et le plus souvent ornée de peintures et de dorures. Une nouvelle composition qui réunit toutes les qualités pour faire la meilleure porcelaine, est un mélange de *kaolin* (argile très blanche), de *craie*, de *sable pur* et de *feldspath* (formé d'alumine, de silice et de potasse). On fait une pâte de toutes ces matières avec de l'eau, on fabrique les pièces avec cette pâte sur le tour, par moulage ou par coulage; ensuite on laisse les pièces sécher, puis ensuite on les porte au fourneau où elles cuisent. Nous ne parlerons pas dans cet ouvrage du vernissage, de la dorure et de la peinture sur porcelaine. C'est à *Sèvres* que se fabrique maintenant la plus belle porcelaine de France.

POTASSE. Substance basique retirée des cendres de végétaux. La potasse du commerce est une combinaison de cette substance avec l'acide carbonique (carbonate de potasse).

POTASSIUM. Métal découvert par Davy en 1807 ; combiné avec l'oxygène, il donne la potasse.

POTÉE D'ÉTAIN. Oxyde d'étain fondu avec du verre et devenu très dur par ce mélange.

POTERIE. Terre cuite qui ne diffère de la porcelaine que dans la confection des pâtes et dans le mode de cuisson.

POUDRE A CANON. Voyez NITRE.

POURPRE. Rouge foncé qui tire sur le violet. Cette belle couleur, que l'en obtenait autrefois d'un certain coquillage *testacé*, nommé pourpre, se produit aujourd'hui par le moyen d'une dissolution d'étain et d'or.

PRÉCIPITATION. C'est le procédé chimique au moyen duquel des corps dissous, mêlés ou suspendus dans un liquide, sont séparés de ce liquide ; mis ainsi en liberté, ils se portent vers le fond du vaisseau.

PRÉCIPITÉ. On nomme ainsi toute substance qui, ayant été dissoute dans un liquide, tombe au fond du vase par l'effet de l'addition dans ce liquide de quelque autre substance produisant une décomposition, en vertu de son attraction pour le dissolvant ou pour la matière qui y était tenue en dissolution.

PRUSSIQUE (Acide), ou *cyanhydrique*, formé par la combinaison de l'hydrogène et du cyanogène ; liquide incolore, odeur d'amande amère ; très vénéneux ; il existe dans plusieurs plantes : le pêcher, l'amandier, le cerisier, etc.

PRUSSIATES. Sels formés par la combinaison d'une base quelconque avec l'acide prussique.

PRESSURE. Liqueur retirée de l'estomac des jeunes veaux ; c'est un ferment.

PUITS ARTÉSIENS. Trou pratiqué en terre à l'aide de la sonde, souvent à une très grande profondeur, et d'où l'eau jaillit d'elle-même. On les appelle artésiens, parce que c'est en Artois qu'il en a été percé un grand nombre depuis six à sept siècles. Le plus ancien que l'on connaisse en France, est celui de *Lillers*, en Artois, percé, dit-on, en 1126, sous Louis VI. — En 1780, Louis XVI en fit faire un sous ses yeux, à Rambouillet.

Voici comment s'explique le jaillissement des eaux des puits forés ou percés. Les eaux pluviales sont absorbées sur les montagnes par des couches perméables s'étendant en filons jusque dans les vallées, entre des couches de terrain imperméables, semblables aux parois d'un vase ou mieux d'un tuyau recourbé. L'eau s'accumule donc continuellement de manière à former une nappe sur laquelle pressent des eaux nouvellement absorbées qui tendent à descendre en vertu de la pesanteur ; mais si l'on vient à percer la couche imperméable supérieure, qui fait obstacle à l'expansion du liquide, celui-ci doit nécessairement s'échapper par l'ouverture pratiquée, comme l'eau d'un jet d'eau, et atteindre à peu près le niveau du point où les eaux sont absorbées.

Les principaux puits artésiens sont ceux de *Saint-Denis* (66 mètres de profondeur) ; celui de *Grenelle* (500 mètres de profondeur) ; l'eau sert à alimenter le quartier du Panthéon ; celui de *Kissingen* (Bavière) ; l'eau vient de 630 mètres, elle a 12° et renferme 4 0/0 de son poids de sel, ce qui fait 3 millions de kil. de sel par an. A Passy (Seine) on en a construit un.

PUTRÉFACTION. Fermentation pendant laquelle se dégagent des gaz fétides tels que : l'hydrogène sulfuré, l'hydrogène carboné entraînant des traces de matières. Le sel marin, l'alcool, l'acide sulfureux, sont des principes qui empêchent la putréfaction. Le procédé d'*Appert*, pour conserver les matières alimentaires, préserve ces dernières de l'action de l'oxygène.

PYRITES. Ce sont des minéraux qui se trouvent en abondance dans la nature. Ces pyrites sont ou des sulfures de fer ou des sulfures de cuivre, avec une portion d'alumine ou de silice. On grille les pyrites sulfures de fer pour en extraire le soufre, et les pyrites-sulfures de cuivre pour en obtenir le soufre et le cuivre.

PYROMÈTRE. On appelle ainsi un instrument inventé par Wedgewood, pour indiquer les degrés de chaleur dans les fourneaux et des feux intenses. Chaque degré du pyromètre correspond à 72 degrés du thermomètre à mercure.

PYRHÉLIOMÈTRE. Appareil inventé par Pouillet pour mesurer la chaleur que le soleil verse sur la terre ; elle est capable de fondre en un an une couche de 14 mètres de glace qui entourerait la terre, et n'est qu'un demi-billionième de celle que cet astre projette sur la terre.

PYROPHORE. Poudre qui s'enflamme subitement au contact de l'air ; le sulfate de potassium très dense absorbe l'oxygène très rapidement, peut devenir sulfate de potasse, et donne une inflammation très énergique.

QUARTZ. Roche très dure, réfractaire au feu, composée de silice.

QUINQUET. Lampe découverte par un industriel du même nom ; l'huile qui alimente la mèche provient d'un réservoir placé à la même hauteur que cette dernière.

QUINQUINA. Écorce d'un arbre qui croît au Pérou, et jouissant de la propriété de couper les fièvres intermittentes ; on connaît les quinquinas jaunes, gris, rouges ; ils renferment des proportions variables de bases organiques nommées *quinine, aricine, cinchonine* auxquelles les quinquinas doivent leurs propriétés médicales.

QUINTESSENCE (Cinquième élément). Non donné par les alchimistes (anciens chimistes) à une substance qu'ils croyaient pouvoir extraire de leurs quatre éléments : l'air, l'eau, la terre, et le feu.

RÉALGAR (Arsenic rouge). Combinaison de soufre et d'arsenic que l'on trouve en Bohême, en Chine.

RÉACTIFS. Substance qu'on emploie pour reconnaître la présence de certains corps dans les substances à analyser.

RECIPIENTS. Ce sont des ballons ou des flacons, ordinairement de verre, adaptés au col ou bec des cornues, alambics et autres vaisseaux distillatoires, dans le but de condenser la matière volatile qui s'échappe pendant la distillation, et de recevoir les liquides qu'on en obtient.

RÉDUCTION. Opération au moyen de laquelle on rétablit des oxydes métalliques à leur état primitif de métaux, ce à quoi on parvient ordinairement avec du charbon ou un flux.

RÉFRACTAIRE. On désigne par ce terme les substances qui sont infusibles, ou qui exigent un très grand degré de chaleur pour leur faire éprouver quelque changement ou pour les mettre en fusion.

REGISTRE. C'est le nom qu'on donne à des ouvertures pratiquées dans des cheminées ou autres parties de fourneaux employés en chimie, garnies de portes glissantes; ces registres sont destinés à régler la quantité d'air atmosphérique admise au foyer, ou à tenir à volonté ouverte ou fermée la communication avec la cheminée.

RÉPULSION. C'est l'effet qui s'oppose à ce que les molécules des corps soient en contact réel. Cet effet résulte de l'action du calorique.

RÉSIDU. On appelle ainsi ce qui reste dans une cornue ou autre vaisseau, après une distillation ou autre opération dont on obtient des produits. Ainsi, lorsqu'on chauffe un mélange d'acide sulfurique et de nitrate de potasse, le sulfate de potasse qui reste après la dissolution de l'acide nitrique est le résidu de l'opération. On nommait autrefois *caput mortuum* le résidu d'opérations chimiques.

RÉSINE. Matière inflammable, grasse et onctueuse qui *suinte*, qui découle de certains arbres, tels que le pin, le sapin, le mélèze, le térébinthe, etc. On a donné ce nom à des sucs végétaux devenus solides par évaporation, soit spontanée, soit provoquée par le feu. Les résines sont solubles dans l'alcool et insolubles dans l'eau. Elles servent à préparer des vernis, les principales sont la racine élémi, la résine gomme-gutte (provenant du *guttefié*, arbre tropical), la résine *zelopf*, la *sandaraque*, le *sang-dragon*.

RETORTE ou CORNUE. C'est un vaisseau ayant la forme d'une poire avec un col ou bec recourbé en bas. On se sert de cette espèce de vaisseau pour la distillation en faisant entrer son col ou bec dans celui d'un autre vaisseau appelé récipient.

RHUBARBE. Substance pulvérulente, purgative, extraite d'un arbre du même nom originaire d'Asie.

RHUM. Liqueur distillée du sucre.

RIZ. Plante de la famille des graminées, croissant surtout dans l'Inde, l'Égypte, les îles Carolines, et donnant une matière alimentaire.

ROMAINE. Balance servant à peser tous les corps au moyen d'un seul poids que l'on place à différentes distances du point fixe.

ROUILLE. Substance qui se forme naturellement à la surface des métaux par suite de l'action de l'oxygène, de la vapeur d'eau et d'acide carbonique contenues dans l'atmosphère.

ROUIR. Faire le *rouissage*, action de faire tremper dans l'eau le lin et le chanvre, afin que les filets puissent aisément se séparer de la partie ligneuse. L'effet du rouissage est la destruction des produits employés.

ROSÉE. La rosée est la condensation de la vapeur d'eau atmosphérique sous forme de gouttelettes ; elle est due au rayonnement des corps terrestres vers les espaces célestes ; ce rayonnement abaisse la température des corps et provoque le passage de la vapeur à l'état liquide.

SAFRAN. Plante qui fleurit en automne, et qui porte une fleur bleue mêlée de rouge et de pourpre, du milieu de laquelle sort une houppe partagée en trois filets. Ce sont ces petits filets que l'on dissout dans l'eau pour obtenir la matière colorante.

SALEP. Fécule retirée d'une racine bulbeuse des Indes. Elle est adoucissante.

SAGOU. Fécule qu'on retire de plusieurs espèces de palmiers des Indes orientales.

SALIFIABLES (BASES). On appelle ainsi tous les oxydes, les alcalis qui sont susceptibles de se combiner avec des acides et de donner des sels.

SALINE. C'est la dénomination par laquelle on désigne toute substance ayant les propriété d'un sel.

SALIVE. Liquide secrété par les glandes salivaires des mammifères ; la salive de l'homme renferme une très-petite quantité de *ptyaline,* substance gluante servant à faciliter le passage des aliments.

SALPÊTRE. Voyez NITRE.

SANDARAQUE. Résine odorante qui coule d'une espèce de *thuya*, par les incisions qu'on y fait en été.

SANG. Liquide coloré qui circule dans nos artères et dans nos veines ; abandonné à lui-même, il se partage en deux parties : un liquide nommé *serum*, formé d'eau, tenant en dissolution plusieurs sels, et une matière solide nommée *caillot,* formée d'albumine, de fibrine et de globules renfermant une matière colorante rouge, l'*hématosine*, dans la composition de laquelle il entre du fer. Le nombre et les dimensions de ces globules varient suivant les animaux, et, dans le même individu, suivant l'état de santé. La circulation du sang a été découverte par *Malpighi*, 17e siècle.

SANGUINE. Crayon rouge provenant de l'hématite, ocre de fer rouge.

SATURATION. État d'un liquide ou d'un gaz quand il ne peut contenir un excédant d'une substance qui s'y trouve déjà. On emploie le mot de saturation comme synonyme de neutralisation, quand deux corps, par leur combinaison, effacent leurs propriétés respectives.

SAVON. Combinaison des bases avec les matières grasses. Ces dernières sont composées des acides oléiques, margariques et stéariques unies *avec la glycérine;* la base remplace cette dernière substance de sorte que les charbons sont de véritables sels; les savons durs sont à base de soude : les savons mous à base de potasse, les savons de toilette sont aromatisés avec des substances telles que l'essence d'anis (savon de Windsor).

SEL. Résultat de la combinaison d'un acide avec une base. Lorsqu'un acide a un nom terminé en *ique*, le sel qui en résulte a un nom qui se termine en *ate.* Ainsi l'acide chlorique donne les chlorates, l'acide nitrique les nitrates; et si le nom de l'acide se termine en *eux*, le nom du sel se termine en *ite.* Ainsi l'acide chloreux donne les chlorites.

SEL AMMONIAC. Matière solide blanchâtre, appelée en chimie chlorhydrate d'ammoniaque, retirée de l'urine des animaux, et qui sert à la préparation de l'ammoniaque.

SEL MARIN. Composé incolore de chlore et de sodium, éléments dont l'action isolée détruirait nos organes : on le trouve en dissolution dans les eaux de la mer, ou bien en masses solides dans les mines. La plus remarquable est celle de Wiélicka (près de Cracovie), elle donne 170 mille quintaux par an. Dans le premier cas, on l'appelle sel marin; dans le second, sel gemme. Il sert à la conservation et à l'assaisonnement de nos aliments.

SEL VOLATIL. C'est le nom qu'on donne dans le commerce au carbonate d'ammoniaque.

SÉLÉNITE. On appelle ainsi un sel existant dans l'eau de source, et qui consiste dans de l'acide sulfurique et de la chaux. Son nom convenable en chimie est celui de *sulfate de chaux.*

SEMOULE. Gruau de froment à très petits grains, réguliers et sphériques, employé pour la préparation des potages.

SEREIN. Petite pluie très fine qui provient de la condensation des vapeurs d'eau contenues dans l'atmosphère par suite d'un abaissement de température.

SERPENTIN. On nomme ainsi un long tuyau de métal ou de verre, tourné en spirale, placé et convenablement disposé dans un vaisseau de cuivre rempli d'eau froide. L'emploi du serpentin a pour effet de refroidir les liqueurs pendant la distillation.

SILICE. C'est un composé d'oxygène et d'un corps appelé silicium. La silice se trouve pure dans le sable fin de Fontainebleau, le cristal de roche ; on l'appelle en chimie acide silicique. Elle est insoluble; combinée avec la potasse et la soude, elle donne des verres solubles ; combinée avec la potasse et la chaux, elle donne le verre à vitre.

SIPHON. On appelle ainsi un tube recourbé dont on fait usage pour transvaser les liquides d'un vaisseau dans un autre.

SIRÈNE ACOUSTIQUE. Instrument inventé par Cagnard-Latour, pour la comparaison du nombre des vibrations des sons.

SODIUM. On a donné ce nom à la base métallique de l'alcali connu sous celui de *soude*.

SOIE. Fil délié et brillant produit par une espèce de ver qu'on appelle ver-à-soie. L'eau bouillante enlève la couleur et la gomme, et le *décreusage* la rend propre aux différentes teintures.

SOLUBILITÉ. Propriété que possèdent certains corps, de disparaître lorsqu'ils sont mis en contact avec quelques liquides ; ainsi on dit que le sucre, le sel, sont solubles dans l'eau ; la solubilité augmente généralement avec la température.

SOLUTION, DISSOLUTION. On désigne ainsi l'union parfaite d'une substance solide avec un liquide. Les sels dissous dans l'eau offrent des exemples de cette union complète d'un solide avec ce liquide.

SON. La partie la plus grossière du blé moulu.

SOUDE ou OXYDE DE SODIUM. Base très-énergique composée d'oxygène et de sodium, ayant des propriétés chimiques analogues à la potasse; on la retire de la cendre des végétaux croissant sur le bord de la mer. Les sels de soude sont très employés dans l'industrie et la médecine.

SOUDURE DE PLOMBIERS. Alliage de deux parties d'étain et d'une de plomb, employé par les plombiers et les ferblantiers pour souder les métaux.

SOUFRE. Corps simple d'une couleur jaune citron, inodore quand il est pur. Soumis à l'action de la chaleur, il se liquéfie à 107°, se gazéifie à 440°. Le soufre se trouve mélangé avec les terres qui avoisinent les volcans, comme à la Guadeloupe et en Sicile. Il suffit de chauffer ces matières, de condenser les vapeurs de soufre pour obtenir ce corps que l'on emploie par millions de kilog. pour faire l'acide sulfurique, les allumettes et la poudre.

SPATH. C'est le nom qu'on donnait autrefois à diverses pierres cristallisées, telles que le spath-fluor (fluorure de calcium), le spath d'Islande.

SPECTRE SOLAIRE. Figure oblongue que donne un rayon lumineux quand il a traversé un prisme. Cette figure présente les sept nuances suivantes : le rouge, l'orangé, le jaune, le vert, le bleu, l'indigo, le violet.

SPINELLE. Composé naturel d'alumine et de magnésie.

STALACTITES. On nomme ainsi certaines concrétions pierreuses, ordinairement calcaires, qui se trouvent suspendues aux voûtes des cavernes, sous différentes formes, de chandelles, de glaces, de cierges renversés, de tuyaux d'orgues, etc. La formation de ces pendantifs calcaires est due à la filtration, à travers les crevasses, de l'eau chargée de sels calcaires.

STÉARIQUE (Acide). Corps blanc retiré du suif et servant à la préparation des bougies.

STÉATITE. C'est un minéral composé de silice, de fer, de magnésie, etc. Ce minéral est aussi connu sous les noms de *craie de Briançon*, *craie d'Espagne*, et *pierre savonneuse*.

STRASS. Composition vitreuse qui imite le diamant.

STRATIFICATION. Disposition des corps par couches sensiblement parallèles.

STUC. Pâte très dure, inaltérable, préparée avec du plâtre réduit en poudre et mélangé avec des matières colorantes et une dissolution de colle-forte

SUBLIMATION. Action de la chaleur sur les corps solides secs ; la suie de nos feux ordinaires est un exemple familier de ce procédé.

SUBLIMÉ. C'est le nom qu'on donne à plusieurs préparations mercurielles.

SUCRE. La matière sucrée est une substance bien connue, qui se trouve dans un grand nombre de végétaux, la betterave et la canne à sucre, et dans différentes parties des arbres et plantes. Le sucre est composé d'oxygène, d'hydrogène et de carbone.

Pour préparer le sucre de betterave, on prend les betteraves saines, on les lave, puis on les rape de manière à en former une pulpe que l'on comprime dans un linge pour en faire sortir le jus sucré. Ensuite on introduit ce jus avec de la chaux, et on chauffe à 100° ; au bout de quelque temps, le jus est éclairci, et on le passe sur un filtre à charbon ; enfin on le chauffe jusqu'à ce qu'il présente la consistance sirupeuse ; puis on laisse le sucre se déposer dans des formes coniques et on a le sucre brut ou cassonnade, que l'on purifie en le dissolvant dans l'eau et en l'agitant avec du sang frais de bœuf. Il y a une espèce de sucre qu'on appelle sucre de raisin ou sucre d'amidon, qu'on peut obtenir en traitant l'amidon par les acides; c'est la même espèce de sucre qui est contenue dans le raisin : il sucre beaucoup moins que le sucre de canne ou de betterave.

SUEUR. Fluide secrété par suite d'une forte chaleur ou d'un exercice violent, d'une réaction acide due à la présence de l'acide acétique.

SUIE. Matière noire et épaisse que laisse la fumée et qui s'attache à l'intérieur de la cheminée ou du poêle.

SUIF. On emploie ce nom pour désigner toutes les graisses solides, et en particulier celles du mouton et des autres animaux ruminants. Le suif doit son odeur à une huile particulière appelée *hircine;* le suif se décolore avec l'hypochlorite de chaux.

SUIN DU VERRE. (SANDEVER). C'est la matière composée de différents sels qui s'élève sous la forme de pellicule à la surface des pots où l'on fait fondre le verre. On se sert de cette matière comme d'un flux, pour la fonte des mines et pour d'autres cas.

SULFATES. Sels formés par la combinaison d'une base quelconque avec l'acide sulfurique. Ainsi l'on dit sulfure de fer, sulfure de carbone, sulfure de cuivre, sulfure d'arsenic ou or piment, qui sert pour teindre les effets en jaune.

SULFUREUX (Acide). Gaz formé par la combustion du soufre dans l'air, d'une odeur spéciale provoquant la toux, soluble dans l'eau, employé pour décolorer et enlever les taches.

SULFURIQUE (Acide). Liquide oléagineux, préparé en oxygénant l'acide sulfureux que le soufre donne lorsqu'il est brûlé dans des chambres de plomb. Il est employé dans une foule de préparations chimiques et industrielles.

SYNTHÈSE. Lorsqu'on examine la composition d'un corps en le *divisant* en ses parties constituantes, ce procédé s'appelle analyse ; mais lorsqu'on cherche à prouver la nature d'une substance par la *réunion* de ses principes, cette opération se nomme synthèse.

TABAC. Plante annuelle nommée nicotiane, originaire d'Amérique et introduite en Europe dans le XVIe siècle ; ses feuilles desséchées servent à faire le *tabac* que l'on respire en poudre, que l'on mâche ou que l'on fume. Les principales variétés de tabac sont celles de Virginie, de Maryland, de Hongrie, d'Espagne, de France, de Hollande.

TACAMAQUE. Sorte de gomme résineuse.

TAM-TAM. Alliage de 78 parties de cuivre et de 22 d'étain, employé pour fabriquer des plaques vibrantes.

TAN. Ecorce de chêne pulvérisée contenant le tanin ou acide tanique.

TANIN. Substance particulière qui se trouve dans l'écorce du chêne.

TAPIOCA. Farine extraite du manioc, plante originaire d'Amérique, et qui donne un suc salutaire.

TARTRATES. C'est le nom donné aux sels formés par la combinaison d'une base quelconque avec l'acide tartrique.

TARTRIQUE (Acide), retiré de la crème de tartre, substance cristallisée qui se dépose dans les tonneaux de vin après la fermentation.

TEINTURE. Art de teindre le coton, le lin, le chanvre. Il y a dans la teinture trois opérations distinctes : le *blanchiment*, le *mordançage* et la *teinture* proprement dite. Lorsque le blanchiment est imparfait, on le nomme *décreusage* (pour la soie) ou *désuintage* (pour la laine) ; ces deux opérations s'effectuent au moyen de lessives. Mais le blanchiment, proprement dit, s'effectue par l'action du chlore employé avec précaution. Le *mordançage* a pour but de faire adhérer aux tissus les matières colorantes qui ne s'y uniraient pas directement. Les principales substances qui servent de mordants sont : l'alun, l'oxyde de fer, le tanin, etc. Enfin, la teinture proprement dite consiste à plonger les tissus mordancés dans des cuves de matières colorantes qui sont ordinairement portées à une température supérieure à 70°.

TÉLÉGRAPHES. Appareils servant à transmettre la pensée à de grandes distances. Ils furent établis en 1792 par Chappe. En 1840, M. Wheastone établit le premier télégraphe électrique, et aujourd'hui les fils métalliques au service des particuliers transmettent leur correspondance avec la vitesse prodigieuse de l'électricité, c'est-à-dire à peu près cent mille lieues en une seconde.

TÉLESCOPES. Instruments destinés à distinguer les objets placés à de grandes distances : la pièce principale est un grand miroir métallique concave, tourné vers l'objet et qui donne une image renversée. Les télescopes les plus remarquables sont ceux de Newton, de Cassegrain, de Grégory et d'Herschell.

TEMPÉRATURE. La *température d'un corps* est l'état d'équilibre de chaleur de ce corps et des corps environnants. On la mesure par le thermomètre.

TÉNACITÉ. Adhérence des molécules d'un même corps; on la mesure par le poids nécessaire pour opérer la rupture de ces corps réduits en fil. Le fer est le plus tenace des métaux.

TÉRÉBENTHINE. Substance de consistance moelleuse qui découle de certains arbres résineux, tels que les pins et les sapins; elle est inflammable, d'une saveur chaude et piquante, d'une odeur forte; c'est en la distillant qu'on obtient l'huile essentielle de térébenthine. Elle est d'une odeur désagréable; rectifiée, elle devient une substance très combustible que l'on nomme *hydrogène liquide* et que l'on emploie dans les lampes à gaz. Cette huile enlève les taches.

TERRES SILICEUSES. On désigne par ce terme un grand nombre de substances naturelles diverses, qui sont principalement composées de silice, telles que le quartz, le caillou, le sable, etc.

TÊT. On appelle ainsi une espèce de coupelle dont on fait usage dans l'opération de l'affinage de l'argent.

THÉ. Arbrisseau qui croît à la Chine et au Japon, et dont les feuilles, auxquelles on donne ce même nom, servent à faire une infusion. Le thé renferme une quantité très sensible de matière azotée.

THERMOMÈTRE. Instrument servant à mesurer la température d'un corps.

TITANE. Métal trouvé dans les feux de hauts-fourneaux et qui acquiert une couleur rouge.

TOILE. Tissus de fil de lin, de chanvre ou de coton.

TOILES MÉTALLIQUES. Tissus formés avec des fils de fers

ou de cuivre; elles jouissent de la propriété d'arrêter la combustion des gaz; c'est pour cette raison qu'elles sont employées dans les lampes des mineurs.

TOLE. Fer battu réduit en feuilles ou en plaques minces, dont on fait des poêles ou autres ouvrages.

TOPAZE. Pierre précieuse transparente composée d'alumine, de silice et de fluorum d'aluminium. La topaze du Brésil est d'un jaune d'or; celle de Saxe est d'une couleur moins vive.

TORRÉFACTION. Opération semblable à celle du grillage.

TOURBE. Terre brune inflammable, formée par la pourriture des plantes dans l'eau; il existe de vastes tourbières en Westphalie, en Écosse et dans la vallée de la Somme; le chauffage de la tourbe est économique, ardent, mais il donne une odeur fétide.

TOURMALINE. Minéral composé de silice, d'alumine, d'acide tanique, de potasse, chaux, sel, magnésie, oxyde de magnésie : il existe plusieurs variétés que l'on distingue par leur couleur; il présente ce phénomène singulier que la chaleur électrise les deux extrémités, l'une positivement, l'autre négativement.

TOURNESOL. Matière colorante bleue, extraite d'une plante qui croît en Hollande; cette couleur bleue devient rouge quand elle est en contact avec un acide.

TRUFFES. Espèces de champignons croissant dans les terres sablonneuses et argileuses; elles exhalent une odeur qui les fait rechercher sur les tables somptueuses. Comme elles n'ont ni tige, ni rien qui paraisse au-dessus du sol, on les fait découvrir par les *porcs*, dont l'odorat fin indique les localités où elles se trouvent. Les truffes les plus estimées sont celles du Périgord.

USTULATION. C'est le grillage des minerais pour en séparer l'arsenic, le soufre ou toute autre substance de nature volatile qui accompagne le métal et le minéralise. Lorsque l'opération a été conduite de manière à empêcher la matière de couler, le procédé s'appelle *sublimation;* mais lorsqu'on néglige la matière, il prend dans ce cas le nom d'*ustulation.*

URÉE. Matière blanche cristallisable, d'une saveur fraîche, découverte dans l'urine et reproduite artificiellement par Wœhller ; c'est la première matière organique qu'on ait pu reproduire.

URINE. Liquide secrété par les reins et renfermant de l'eau, de l'urée et un grand nombre de sels de potasse, de soude, de chaux et d'ammoniaque.

VACCIN. Matière tirée de certaines pustules qui se forment au pis des vaches, et qui sert pour l'inoculation dans le but de préserver de la petite-vérole. La vaccine a été découverte par Jenner en 1796.

VANILLE. Substance odorante, provenant des fruits du vanillier, plante sarmenteuse du Mexique, très recherchée par les glaciers, confiseurs, parfumeurs.

VAPEUR. Etat gazeux de divers liquides. Les vapeurs se distinguent des gaz proprement dits en ce qu'elles reviennent facilement à l'état liquide, tandis que les derniers exigent des moyens mécaniques ou frigorifiques très grands pour produire le même résultat. Trois gaz seulement, l'oxygène, l'azote et l'hydrogène n'ont pu être liquéfiés et sont appelés pour cette raison gaz permanents.

VÉLIN. Peau de veau préparée, plus mince et plus unie que le parchemin.

VERMEIL. Argent doré.

VERMILLON. Voyez CINABRE.

VERNIS. Enduit liquide obtenu tantôt des végétaux, tantôt des animaux, dont on couvre la surface des corps pour les rendre lisses et huileux, ou pour les préserver de l'action de l'air ou de l'humidité.

VERNIS DU JAPON. C'est un arbrisseau commun en *Asie* et en *Amérique*, du genre des sumacs, et qui fournit un suc laiteux dont les Japonais font leur vernis.

VER A SOIE. Chenille blanche originaire d'Asie se nourrissant de feuilles de mûrier et donnant le fil de la soie. Elle éprouve plusieurs métamorphoses dans les deux mois qui constituent son existence.

VERDET. Nom donné à l'acétate de cuivre.

VERT DE GRIS. Matière verdâtre qui se dépose sur les objets de cuivre ; c'est de l'acétate de cuivre, substance très vénéneuse.

VERT DE SCHEEL. Matière colorante,' nommée en chimie *arsenite de cuivre*, et employée pour faire le papier peint vert. C'est un poison énergique ; il commet journellement des ravages parmi les enfants qui portent à leur bouche les papiers colorés qu'on laisse entre leurs mains.

VERMICELLE. Substance alimentaire préparée avec de la farine de froment, colorée avec du safran, et se vendant sous forme de petits fils.

VERRE. Le verre est une combinaison du silice avec la chaux, la potasse. Dans les verres communs, la potasse est remplacée par la soude.

VERRE DE BOUTEILLE, que l'on fabrique avec les matières premières les plus communes, telles que du sable de rivière, des cendres de bois, de la soude brute.

VERRE A VITRE. Ce dernier exige du sable lavé, du sel de soude ou de potasse. Lorsque le mélange est en fusion pâteuse, l'ouvrier en prend avec sa *canne* (tube creux en fer de plusieurs pieds de long) et au moyen de l'insufflation et d'un mouvement de rotation, forme un cylindre, que l'on étend sur un plan dans un four appelé une *étendrie*.

VERRE PHOSPHORIQUE. Substance vitreuse, insipide, insoluble, qu'on obtient en faisant bouillir de l'acide phosphorique jusqu'à consistance de sirop, en le fondant ensuite par une augmentation de chaleur.

VIDE. C'est le résultat d'une opération par laquelle l'air atmosphérique ayant été enlevé, par des moyens chimiques ou physiques, d'un espace qu'il remplissait, cet espace se trouve n'être plus occupé par de la matière. Le vide se fait à l'aide d'une machine inventée en 1348, par Otto de Guéricke, bourgmestre de Magdebourg, et appelée *machine pneumatique;* c'est une pompe qui puise l'air presque en totalité.

VIF-ARGENT. Nom vulgaire donné au mercure.

VIN. Boisson qu'on obtient par la pression du raisin fermenté.

VINAIGRE. (Voyez *Acide acétique.*)

VITRIFICATION. Lorsqu'en exposant à une chaleur intense des mélanges de substances solides, on les met en fusion, de manière que leur solidification donne une substance brillante analogue au verre, on dit qu'elles ont été vitrifiées.

VITRIOL. On avait donné ce nom à une classe de substances combinées avec de l'acide sulfurique. C'est ainsi qu'on avait alors le vitriol de chaux, le vitriol de fer, le vitriol de cuivre, etc.

Mais depuis qu'on a changé le nom de l'acide vitriolique en celui d'acide sulfurique, les combinaisons de cet acide sont appelées *sulfates.*

VOIE SÈCHE. On se sert en chimie de cette expression pour indiquer, lorsqu'on rend compte d'une analyse en décomposition, qu'il a été procédé par l'action du feu.

VOLATILITÉ. C'est la propriété qu'ont certains corps d'être disposés à prendre l'état gazeux.

VOLUME. Espace occupé par un corps quelconque. La mesure des volumes est une branche de la géométrie.

XYLOIDINE. Matière blanche pulvérulente, obtenue en traitant la fécule, la scieure de bois, le coton par l'acide nitrique; elle est très inflammable.

ZÉRO. C'est le point de départ de l'échelle de graduation d'un thermomètre.

ZINC. Substance métallique d'un blanc bleuâtre, connue seulement vers le milieu du seizième siècle. Les potiers s'en servent pour blanchir et durcir l'étain. Combiné avec le cuivre jaune, il forme le laiton ; si l'on augmente la quantité de zinc en y mêlant du bismuth et de l'arsenic, on obtient le *similor.* En versant de l'acide sulfurique sur le zinc réduit en fragments, on forme de la *couperose* blanche.

Le zinc, étant plus léger que le plomb, sert à faire des vases, des toitures, des instruments.

On se sert de la feuille de zinc comme de la pierre lithographique; l'art du dessin sur ce métal s'appelle *zincographie.*

ZIRCONIUM. Métal de la 2e classe, décomposant l'eau à 100°.

FIN DE LA NOMENCLATURE.

VERSAILLES. — IMPRIMERIE CERF, 59, RUE DU PLESSIS.

www.ingramcontent.com/pod-product-compliance
Ingram Content Group UK Ltd.
Pitfield, Milton Keynes, MK11 3LW, UK
UKHW022045190726
13855UKWH00002B/411